Gruber | Neumann

CASIO FX-991DE CW vollständig erklärt

Mit ausführlichen Beispielen und Übungsaufgaben

Gedruckt auf chlorfrei gebleichtem Papier

Inhaltsverzeichnis

Wie arbeitest du mit diesem Buch?

Dieses Buch soll dir die Arbeit mit fx-991 DE CW erleichtern. Es will nicht die Bedienungsanleitung ersetzen, vielmehr sollst du anhand von vielen Beispielen die Möglichkeit haben, den Taschenrechner kennenzulernen. Daher wird nicht jede denkbare Funktion des Geräts abgearbeitet, sondern es werden durch Beispiele die Themen vorgestellt, die in der Schule eine Rolle spielen.

Wie ist das Buch aufgebaut?

Das Buch besteht aus mehreren Kapiteln. In den ersten Kapiteln lernst du die grundlegenden Funktionen des Rechners kennen, dann schließen sich weitere Themen an, manche davon wirst du sofort brauchen, manche noch nicht.

Am Anfang jedes Kapitels wird kurz erläutert, worum es geht. Dann wird in der Regel eine zum Thema passende Beispielaufgabe gerechnet. Anschließend werden Bemerkungen und typische Fehlerquellen aufgelistet. Man lernt am besten durch Üben. Deswegen gibt es zu jedem Thema eine oder mehrere Übungsaufgaben. An diesen kannst du direkt anwenden, was du gerade gelesen hast.

Das Kapitel Vertiefungs- und Anwendungsaufgaben enthält viele Aufgaben, die in sehr ähnlicher Form auch in der Schule gerechnet werden. Bei den Lösungen sind dann immer die entsprechenden Taschenrechnereingaben angegeben, so kannst du den Umgang mit dem Rechner noch weiter üben.

Wichtige Tipps werden durch dieses Symbol am Rand hervorgehoben.

Robert Neumann und Helmut Gruber

1 Der Taschenrechner

Der Taschenrechner ist in verschiedene Bereiche unterteilt. Du kannst dies auch an den Farben der Tasten sehen:

- Die Zahlen und die Tasten mit den sogenannten «Grundrechenarten» und die Tasten für die mathematischen Funktionen sind grau.
- Die SHIFT-Taste für die Tastenzweitbelegung ist golden.
- Oben in der Mitte befinden sich die Navigationstasten.
- Rechts neben den Navigationstasten befinden sich die Tasten für «ganz hoch» und «ganz runter».

Nutze [ON] zum Anschalten und [SHIFT] und [AC] zum Ausschalten.

Mithilfe der Taste [HOME] ruft man das Funktionsmenü auf.

Berechnung
«Normaler» Rechenmodus

Statistik mit einer oder zwei Variablen

Verteilungsfunktionen

Tabellenkalkulation

Wertetabellen
Funktionen: $f(x)$, $g(x)$

Gleichung:
LGS, Polynom-Gleich.

Ungleichung

Komplex

Basis-N:
Zahlensysteme

Matrix

Vektor — Vektor

Verhältnis — Verhältnis
Verhältnisgleichungen

Mathebox:
Verschiedene Werkzeuge

1.1 Erste Rechnungen

- Alle Berechnungen werden mit der Taste [EXE] gestartet.
- Auch beim Rechnen mit dem Taschenrechner gilt «Punkt- vor Strichrechnung».
- Um die gold geschriebenen Zeichen oder Befehle aufzurufen, musst du vorher die [SHIFT]-Taste drücken.

Eine Bemerkung: Zahlen, die in den Taschenrechner eingegeben werden, sind in diesem Heft ohne eckige Klammern geschrieben, damit es nicht zu unübersichtlich wird.

Ein Vorzeichen-Minus kann mit [SHIFT][−] eingefügt werden. Es ist aber auch möglich, dass «normale» Minus als Vorzeichen-Minus zu benutzen, d.h. du tippst einfach auf [−].

Beispiele

Rechnung	Eingabe	Anzeige
$37 + 14$	37 [+] 14 [EXE]	37+14 51
$15 - 29$	15 [−] 29 [EXE]	15−29 -14
$-5 \cdot 12$	[(−)] 5 [×] 12 [EXE]	−5×12 -60
$37 \cdot (-6)$	37 [×] [(−)] 6 [EXE]	37×−6 -222

1.2 Bearbeiten und Löschen der Eingaben

Der Taschenrechner besitzt eine Löschtaste und die [AC]-Taste.

- Mit der [⌫]-Taste löschst du ein Zeichen bei der Eingabe, z.B. wenn du dich vertippt hast. Dabei löscht diese Taste immer das links vom blinkenden Cursor stehende Zeichen.
- Mit der [AC]-Taste löschst du den Bildschirm, z.B. wenn du eine neue Rechnung eingeben willst.

Innerhalb der Eingabe kannst du den Cursor mit den Pfeiltasten [◄] und [►] bewegen. Wenn du die Rechnung schon ausgeführt hast, kannst du mit [◄] oder [►] wieder in die (obere) Eingabezeile zurückkehren.

Beispiel

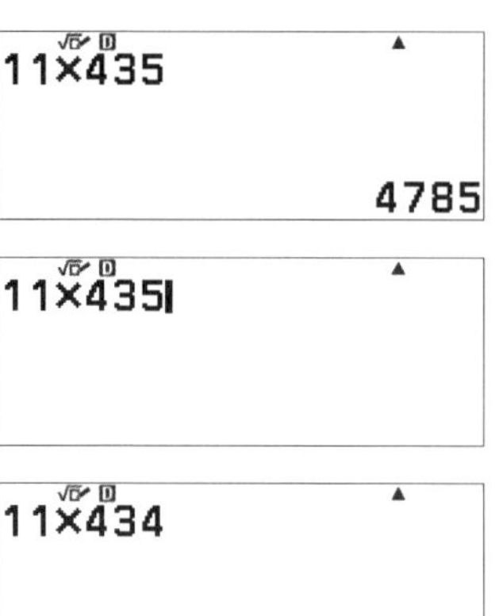

Es soll $11 \cdot 434$ berechnet werden. Nach der Rechnung merkst du, dass du dich vertippt hast, so wie z.B. im Bildschirmfoto rechts.

Mit [◄] wechselst du wieder zur Eingabe. Der Cursor blinkt nun ganz rechts neben der 435, sodass du mit [⌫] die 5 löschen kannst.

Du korrigierst die Eingabe und führst die Rechnung nochmal aus. Nun stimmt das Ergebnis.

1.3 Der Rechnungsablaufspeicher

Der Taschenrechner besitzt einen Speicher, in dem die letzten durchgeführten Rechnungen gespeichert werden. Um diese aufzurufen, benutzt du die Taste [▲].

Beispiel

Du berechnest $800 \cdot 33$ und schließt die Rechnung mit [EXE] ab.

Anschließend führst du eine neue Berechnung aus, z. B. $151 + 391$ und schließt auch diese Rechnung mit [EXE] ab.

Mit [▲] gelangst du wieder zur ersten Berechnung zurück. Du erkennst dies daran, dass oben im Display das Zeichen ▲ eingeblendet wird. Mit [◀] kannst du die Eingabe nun bearbeiten.

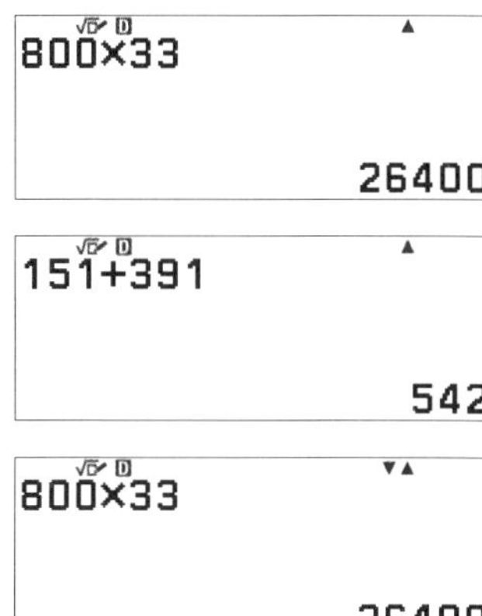

- Ob sich noch Rechnungen vor oder nach der aktuell angezeigten Rechnung im Speicher befinden, erkennst du an den Zeichen ▲ und ▼.
- Immer wenn oben im Bildschirm das Zeichen ▲ eingeblendet wird, befinden sich Inhalte im Rechnungsablaufspeicher.
- Der Inhalt des Rechnungsablaufspeichers wird gelöscht, wenn du den Rechnungsmodus wechselst oder die [ON]-Taste drückst.

1.4 Mehrere Rechenschritte hintereinander – Ans

Oft will man mit dem Ergebnis einer Rechnung sofort weiterrechnen. Dafür gibt es eine spezielle Taste, die diesen «Antwortspeicher» direkt einfügt. Dies ist die Taste [Ans].

Beispiel

Es soll zuerst $12 \cdot 23$ berechnet werden. Das Ergebnis soll notiert und anschließend 29 abgezogen werden.

Du gibst zuerst $12 \cdot 23$ ein und erhältst als Ergebnis 276.

```
12×23
                276
```

Nun drückst du [Ans] und anschließend [−] 29 und erhältst 247.

```
Ans−29
                247
```

- Das Gerät fügt Ans automatisch ein, wenn man nach der Anzeige des Ergebnisses die Taste einer Rechenoperation (z.B. [+] oder [−]) drückt. Es gibt aber auch Rechnungen wie Wurzelziehen, bei denen die [Ans]-Taste notwendig ist.

Übungen

a) Berechne $134 \cdot 12$. Gib das Ergebnis an und teile das Ergebnis durch 8. Gib das Endergebnis an.

b) Berechne $122 \cdot 12 + 16$. Gib das Ergebnis an und teile zum Schluss durch 4. Gib das Endergebnis an.

c) Die Zahl 14 soll mit 7 multipliziert werden, anschließend werden 34 abgezogen und zum Schluss durch 16 geteilt werden. Gib alle Zwischenergebnisse und das Endergebnis an.

2 Weitere Rechnungen

Für einige der folgenden Rechnungen werden die blauen Beschriftungen über den Tasten benötigt. Diese gibst du ein, indem du vorher die [SHIFT]-Taste am Gerät drückst. Um dies in diesem Heft auszudrücken, setzen wir ein kleines hochgestelltes «S» vor die Taste. ^{S}[$\sqrt[\blacksquare]{\square}$] bedeutet also, erst die [SHIFT]-Taste und dann die Taste [$\sqrt{\square}$] zu drücken.

2.1 Rechnen mit Klammern

Auch beim Taschenrechner muss man auf die Regeln der «Punkt- vor Strichrechnung» achten, so wie du das auch bei einer Rechnung auf dem Papier machst. Wenn du mit Klammern arbeitest, kannst du diese beim Rechnen genauso eingeben.

Beispiel

Die Eingabe von $2+3\cdot 10$ gibt als Ergebnis 32.

Willst du $(2+3)\cdot 10$ berechnen, so gibst du das mit Klammern ein.

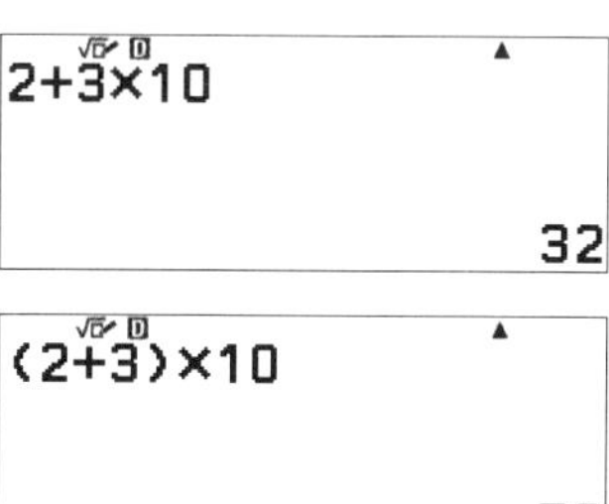

2.2 Rechnen mit Brüchen

Der Taschenrechner kann Brüche in «natürlicher Schreibweise» darstellen. Wenn du mit Brüchen rechnest, benutzt du die Taste [$\frac{\blacksquare}{\square}$] um einen Bruch einzugeben.

Beispiel

Es soll $\frac{2}{3}+\frac{1}{4}$ berechnet werden.
Um den Bruch einzugeben, tippst du zuerst [2], dann [$\frac{\blacksquare}{\square}$] und zum Schluss [3].

Um weiterzurechnen, musst du zuerst den Bruch mit [▶] verlassen. Anschließend gibst du den zweiten Bruch genauso ein.

Du schließt die Eingabe mit [EXE] ab, nun wird das Ergebnis angezeigt.

- Zwischen Zähler und Nenner kannst du mit den Pfeiltasten hin und her wechseln.

- Brüche werden automatisch gekürzt: Wenn du $\frac{3}{6}$ eingibst, wird der Bruch zu $\frac{1}{2}$ gekürzt.

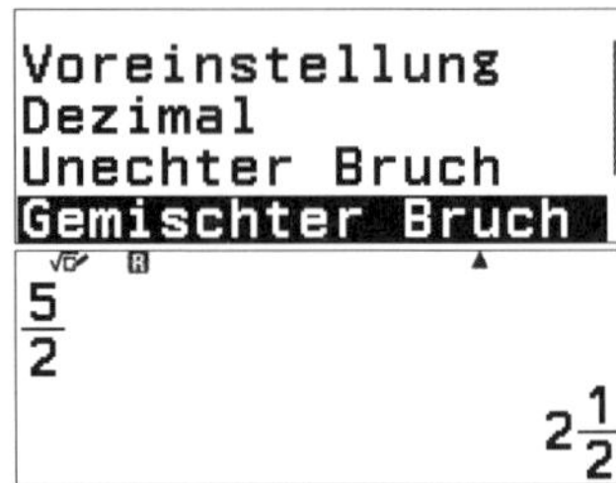

- Um zwischen einer gemischten Zahl und einem unechten Bruch zu wechseln, benutzt du die Taste [FORMAT].

  Nun wählst du den Menüeintrag Gemischter Bruch und bestätigst mit [EXE].

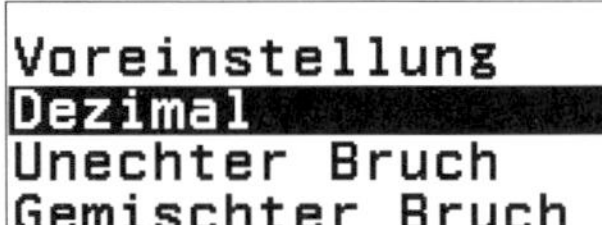

- Um zwischen einem Bruch und einer Dezimalzahl zu wechseln, benutzt du die Taste [FORMAT] und Dezimal.

  Nachdem du mit [EXE] bestätigt hast, wird die Zahl als Dezimalzahl angezeigt.

- Um periodische Dezimalzahlen mit einem Periodenstrich anzuzeigen, wählst du [FORMAT] und Periodendarstell.

  Auch hier bestätigst du mit [EXE].

- Wenn du das Ergebnis direkt als Dezimalzahl erhalten willst, nutzt du nicht [EXE] sondern $^{S}[\approx]$, du tippst also erst die Taste [SHIFT] und dann [EXE].

- Um die Ausgabe auf Dezimalzahlen umzustellen, wählst du [SETTINGS], Recheneinstell. und dann unter Eingabe / Ausgabe den Punkt Mathe → Dezimal, bestätige mit [EXE].

  Nun ist die zweite Zeile vorne ausgewählt und du kannst die Einstellungen mit [AC] verlassen.
  Mehr dazu findest du im Kapitel 18.1

Übungen

a) Berechne:

I) $\frac{1}{4}+\frac{1}{6}=$ II) $\frac{7}{3}-\frac{8}{4}=$ III) $\frac{1}{4}\cdot\frac{1}{6}=$

b) Berechne und gib das Ergebnis als Bruch und als Dezimalzahl an:

I) $\frac{1}{5} + \frac{1}{4} =$ II) $\frac{1}{2} + \frac{1}{3} =$ III) $\frac{3}{7} : \frac{1}{3} =$

2.3 Der Variablenspeicher

Werte und Ergebnisse lassen sich als Variablen speichern, dazu wird die Taste [VARIABLE] benutzt um ins Variablenmenü zu kommen. Die Variablen werden angezeigt und können mit [EXE] aufgerufen werden.

Beispiel

Um den Wert 1,5 als Variable A zu speichern, tippst du 1,5 ein und bestätigst zunächst mit [EXE].

Nun tippst du [VARIABLE] und bestätigst mit [EXE].

Du bestätigst ein weiteres Mal mit [EXE], es wird wieder der Hauptbildschirm angezeigt.

Mit [VARIABLE] kannst du sehen, dass die Variable A nun den Wert 1,5 zugewiesen bekommen hat.

- Um die Variablen abzurufen, nutzt du wieder [VARIABLE], Auswahl mit [EXE] und dann Abrufen.

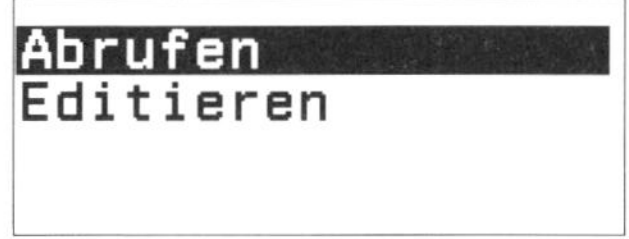

  Nach der Bestätigung mit [EXE] wird die Variable eingefügt.

- Um die Werte aller gespeicherten Variablen zu löschen, tippst du [SETTINGS], dann Zurücksetzen und Variablenspeich. Bestätige mit [EXE], mehr dazu in Kapitel 18.3

- Auch Ergebnisse können als Variablen gespeichert werden: Nach der Berechnung wählst du [VARIABLE], [EXE], Editieren und fügst das letzte Ergebnis mit [Ans] ein.
- Die Variablen können auch mit der [SHIFT]-Taste und den entsprechenden Tasten aufgerufen werden.
- Es können die Buchstaben A, B, C, D, E, F, X, Y und Z im Variablenspeicher benutzt werden.
- Variablenwerte werden immer als Dezimalzahlen eingefügt, auch wenn sie als Brüche eingegeben wurden.
- Das Multiplikationszeichen kann man, wie auch auf dem Papier gewohnt, weglassen. Man kann also 3A oder $3 \times A$ tippen.

Übungen

a) Weise der Variable A den Wert $3,5$ zu. Berechne dann $3 \cdot A - 4,5 \cdot A$. Gib das Ergebnis als Bruch und als Dezimalzahl an.

b) Weise der Variable A den Wert $2,2$ zu und der Variable B den Wert $\frac{1}{4}$. Berechne dann $\frac{4A-3B}{B}$. Gib das Ergebnis als Bruch und als Dezimalzahl an.

2.4 Primfaktorzerlegung

Beispiel

Die Zahl 42 soll in ihre Primfaktoren zerlegt werden.

Um die Zahl in ihre Primfaktoren zu zerlegen, gibst du die Zahl zunächst ein und bestätigst mit [EXE].

Anschließend tippst du auf [FORMAT], wählst Primfaktor und bestätigst mit [EXE]

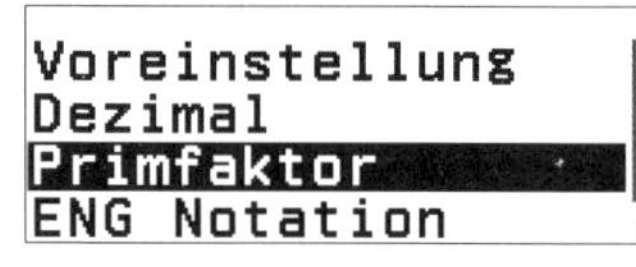

Die einzelnen Primfaktoren der Zahl werden nun angezeigt.

Übungen

Gib die Primfaktoren von 36 und 243 an.

2.5 Potenzieren und Wurzelziehen

- Potenziert wird mit [■²] um zu quadrieren und mit [■□] für allgemeine Potenzen.
- Den Kehrwert berechnest du mit S[■⁻¹].
- Quadratwurzeln können mit der Taste [√■] gezogen werden. Allgemeine Wurzeln werden mit S[■√□] berechnet.
- Um eine Wurzel als Dezimalzahl anzeigen zu lassen, benutzt du die Taste [FORMAT] und dann Voreinstellung
- Ähnlich wie bei «Punkt- vor Strichrechnung» wird erst potenziert, bevor multipliziert wird.

- Die Ergebnisse beim Wurzelziehen werden so angezeigt, dass Wurzeln – wenn möglich – teilweise gezogen werden.

- Um das Ergebnis als (angenäherte) Dezimalzahl anzuzeigen, drückst du die Taste [FORMAT], wählst dann Dezimal und bestätigst mit [EXE].

- Wenn du aus dem Ergebnis einer vorangegangenen Rechnung die Wurzel berechnen willst, benutzt du die [Ans]-Taste.

  Rechts wurde $32 \cdot 2$ berechnet und anschließend die Wurzel gezogen. (Für weitere Eingaben musst du die Wurzel mit [►] verlassen.)

Übungen

a) Berechne:

I) $3^2 =$ II) $2^5 =$ III) $2,5^2 =$

b) Berechne:

I) $\frac{3^2}{4} =$ II) $\left(\frac{3}{4}\right)^2 =$ III) $(4 \cdot 13)^3 =$

c) Berechne die folgenden Ausdrücke, gib das Ergebnis auch als Dezimalzahl an:

I) $\sqrt{19} =$ II) $\sqrt[3]{15} =$ III) $\sqrt[4]{240} =$

d) Berechne $32,5 \cdot 17,12$. Gib das Ergebnis an und ziehe anschließend die Wurzel.

e) Berechne $\sqrt{289} + 4$. Achte darauf, dass nur die 289 unter der Wurzel steht.

2.6 Winkelmaße und Trigonometrie

Die zwei in der Schule hauptsächlich verwendeten Winkelmaße sind Grad (D) und Bogenmaß (R).

Die Einstellung «Grad» wird für alle Dreiecks- und Winkelberechnungen in der Geometrie verwendet, das Bogenmaß hingegen meist für trigonometrische Funktionen. Die aktuelle Einstellung kannst du in der Statuszeile ganz oben im Display ablesen. Dabei steht «D» für die Gradeinstellung und «R» für Bogenmaß. («G» bzw. G steht für Neugrad. Dieses Winkelmaß wird vor allem in der Vermessungstechnik benutzt.)

Nutze [SETTINGS], Recheneinstell. und Winkeleinheit, um die Winkelmaße einzustellen. Bestätige mit [EXE] und verlasse das Menü mit [↩], mehr dazu unter 18.1.

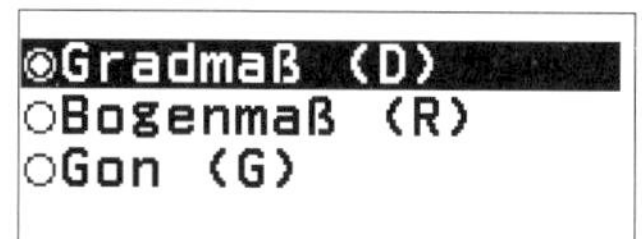

- Die Zahl π kannst du über ^{S}[π] eingeben (Taste «7»).

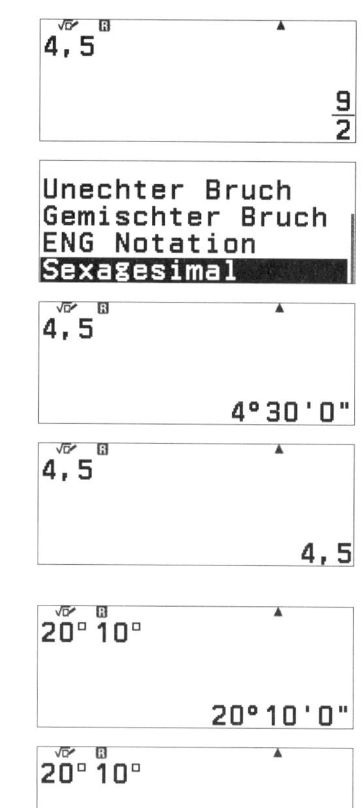

- Um eine Winkelangabe in Grad/ Minuten/ Sekunden darzustellen, gibst du die Zahl ein und bestätigst zunächst mit [EXE].

  Nun tippst du auf [FORMAT] und wählst Sexagesimal. Bestätige mit [EXE].

  Die Zahl wird nun in Grad, Minuten und Sekunden dargestellt.

  Um den Wert wieder dezimal anzeigen zu lassen, nutzt du [FORMAT], wählst Dezimal und bestätigst mit [EXE].

- Wenn du einen Wert in Grad/Minuten/Sekunden einfügen willst, geht das mit ^{S}[°’”], also erst die [SHIFT]-Taste und dann [+]

  Mit [FORMAT] und Dezimal kannst du den Wert dezimal anzeigen lassen.

Beispiel

Um $\sin\left(\frac{\pi}{6}\right)$ zu berechnen, gibst du [sin] S [π] [$\frac{\blacksquare}{\square}$] [6] [▶] [)] ein. Denke daran, den Rechner auf Bogenmaß (R) umzustellen.

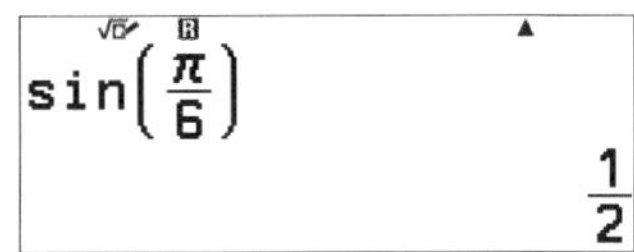

Übungen

a) Berechne $\sin(55^\circ)$, berechne $\cos\left(\frac{\pi}{3}\right)$

b) Wandele um von dezimal in sexagesimal: $15{,}6^\circ$

c) Wandele um von sexagesimal in dezimal: $13^\circ 5' 4''$

2.7 Die Exponentialschreibweise

Große Zahlen (mehr als 10 Stellen) werden automatisch in der Exponentialschreibweise dargestellt. In der Exponentialschreibweise ist z.B. $1253 = 1{,}253 \cdot 1000 = 1{,}253 \cdot 10^3$. Auf diese Weise kann man sehr große und sehr kleine Zahlen ausdrücken.
Bei Zahlen, die kleiner als 1 sind, ist der Exponent negativ, da $10^{-1} = \frac{1}{10^1} = \frac{1}{10}$ ist.

- Um eine Zahl in der Exponentialschreibweise einzugeben, verwendest du die Taste [x10ˣ].
- Wenn das Gerät kleine Zahlen nicht in der Exponentialschreibweise anzeigen soll, sondern als «Kommazahl», änderst du die Darstellungsart, wie auf Seite 124 beschrieben.

Beispiel

Es soll 1 : 800 berechnet und das Ergebnis als Dezimalzahl dargestellt werden.

Zuerst gibst du 1 : 800 ein. Das Ergebnis wird als Bruch angezeigt.

Nun nutzt du [FORMAT] und Dezimal, um den Bruch in eine Dezimalzahl umzuwandeln.

Um die Zahl in der Exponentialschreibweise darzustellen, nutzt du [FORMAT] und dann ENG Notation
(ENG = Engineering)

Um das Komma in der Exponentialdarstellung nach links zu verschieben, tippst du auf [◀] bzw. [▶]. Es ist $10^0 = 1$, also ist das Ergebnis wie oben 0,00125.

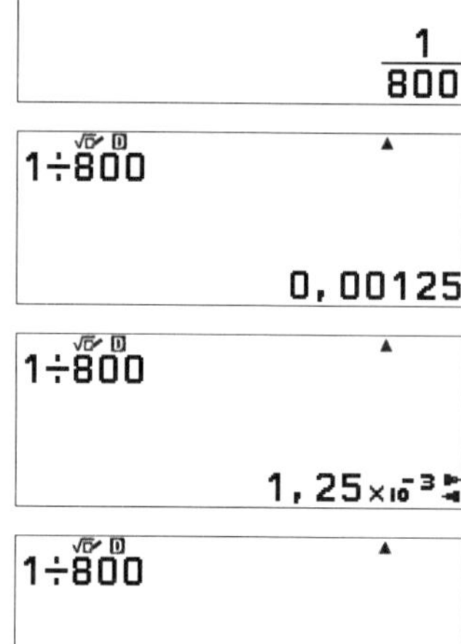

Übungen

a) Gib die folgenden Zahlen in der Exponentialschreibweise und als Dezimalzahl an:

I) $\frac{1}{400}$ II) $\frac{1}{128}$ III) $\frac{2}{12\,300}$

b) Gib die folgenden Zahlen als Dezimalzahl an:

I) $1{,}23 \cdot 10^{-3}$ II) $4{,}26 \cdot 10^{-4}$ III) $2{,}1 \cdot 10^{-3}$

3 Statistik

3.1 Listen und Statistik

Im Statistik-Modus kannst du Daten in einer oder mehreren Datenreihen eingeben und statistische Kennwerte anzeigen lassen oder verschiedene Regressionen durchführen.

Der Statistik-Modus wird im Menü aufgerufen.

Beispiel

Gesucht sind die statistischen Kennwerte wie Mittelwert und Standardabweichung der folgenden Datenreihe: 1; 3; 4; 6; 8; 8; 8.

In der Übersicht des Statistik-Editors rufst du die Funktion 1 – Variable auf.

Nun kannst du die Daten in die Liste eingeben. Jede Eingabe wird dabei mit [EXE], bestätigt. Mit [▼] und [▲] kannst du in der Liste navigieren.

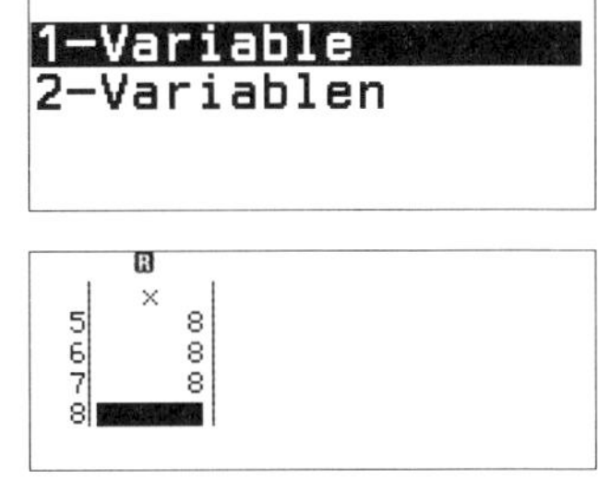

Nach dem Beenden der Eingabe drückst du ein weiteres Mal [EXE], es wird das Menü rechts angezeigt. Du wählst 1 – Var Ergebnisse mit [EXE].

Nun werden die statistischen Kennwerte angezeigt, z.B. der Mittelwert $\bar{x} \approx 5{,}43$, des Weiteren die Summe aller Werte $\sum x = 38$ und die Standardabweichung $\sigma x \approx 2{,}61$.

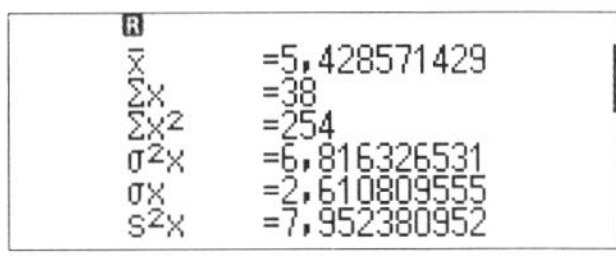

Mit [▼] kannst du zum nächsten Anzeigefenster wechseln. Die Liste enthält z.B. $n = 7$ Elemente. Es werden auch der Median und die Quartile angezeigt.

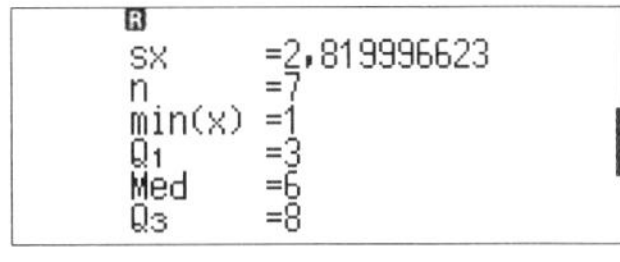

Im letzten Fenster wird der größte Datenwert angezeigt.

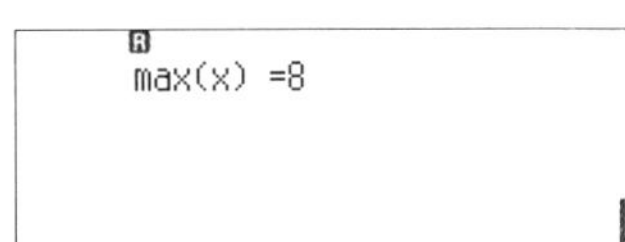

- Es werden folgende statistischen Werte angezeigt: Mittelwert $\bar{x}$, die Summe der Elemente $\sum x$, die Summe der Quadrate $\sum x^2$, Varianz der Grundgesamtheit $\sigma^2 x$, Standardabweichung der Grundgesamtheit σx, Stichprobenvarianz s²x, Stichprobenstandardabweichung sx, Anzahl der Elemente n, der kleinste Wert min(x), das erste Quartil (Q1), der Median (Med), das dritte Quartil (Q3) und der größte Wert max(x).

- Mithilfe von [○○○] in der Listenansicht kannst du verschiedene Optionen aufrufen, z.B. nachträgliches Bearbeiten oder Sortieren.

- Unter Editieren ist es möglich, eine Zeile einzufügen, oder alles zu löschen.

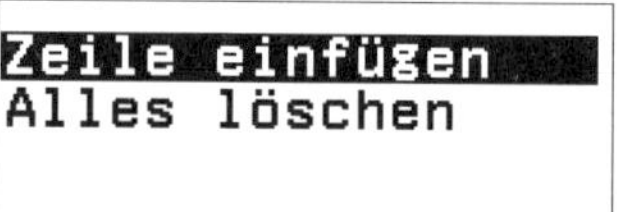

- Unter Häufigkeit kannst Du wählen, ob eine weitere die Spalte Freq eingeblendet wird. Mit [↶] oder [AC], verlässt du das Menü.

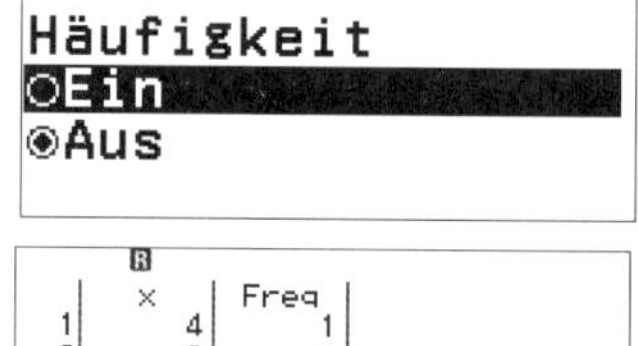

Mithilfe dieser Spalte können Listenwerte gewichtet werden, rechts sind die Werte des Beispiels eingetragen.

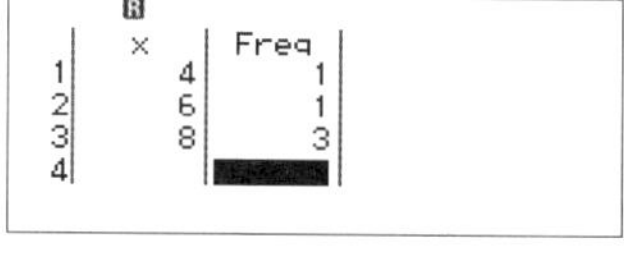

- Wenn du in der Tabelle [EXE] tippst und Statistik – Rechn. wählst, kannst du mit den statistischen Werten rechnen.

Diese können im [CATALOG] unter Statistik abgerufen werden.

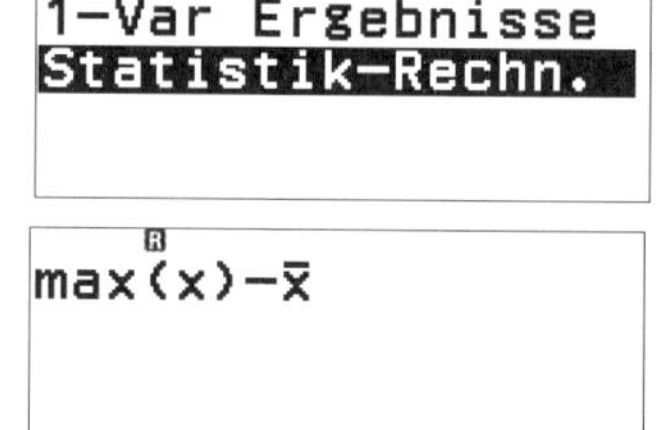

- Die Anzeige der statistischen Daten verlässt du mit [↶] oder [AC].

Übungen

a) Gegeben ist die Datenreihe 2; 3; 5; 5; 17; 19; 31. Berechne den Mittelwert sowie die Standardabweichung.

b) Ein Spieler erzielt bei insgesamt 7 Spielrunden die folgenden Gewinnpunkte:

Anzahl der Spiele	4	1	2
Gewinnpunkte	7	13	14

Berechne die Gesamtanzahl der Gewinnpunkte und die durchschnittliche Anzahl der Gewinnpunkte pro Spiel, benutze dabei die Freq-Spalte.

3.2 Regressionen

Mithilfe der Regressionsfunktion ist es möglich, verschiedene Kurven an gegebene Werte anzupassen, sodass die (mittlere quadratische) Abweichung dieser Kurven von den angegebenen Werten möglichst gering ist. Dazu werden zuerst die Werte in eine Tabelle eingegeben. Anschließend wird die eigentliche Regressionsberechnung ausgeführt.

Wichtige Regressionsfunktionen sind:

Lineare Regression	$y = \mathrm{a} + \mathrm{b}x$	Anpassen einer Geradengleichung.
Quadratische Regression	$y = \mathrm{a}^2 + \mathrm{b}x + \mathrm{c}$	Anpassen einer Parabelfunktion.
Exponentielle Regression	$y = \mathrm{a} \cdot e^{\mathrm{b}x}$	Anpassen einer Exponentialfunktion.

Regressionen werden im Statistikmodus durchgeführt.

Beispiel 1

Es soll eine quadratische Funktion bestimmt werden, die die gegebenen Punkte $(0 \mid 0{,}1)$, $(1 \mid 0{,}8)$, $(2{,}5 \mid 2)$ und $(3 \mid 3{,}5)$ möglichst gut approximiert.

Du rufst zunächst die Statistik mit 2 Variablen auf mit 2 – Variablen

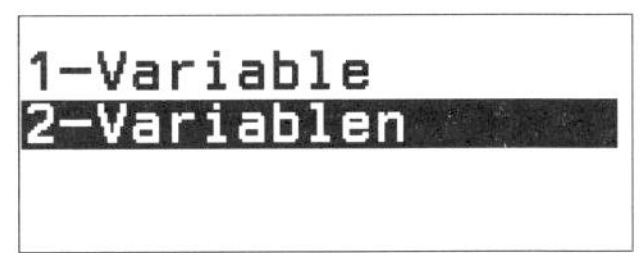

In die Tabelle gibst du die x- und y-Werte der Punkte ein.

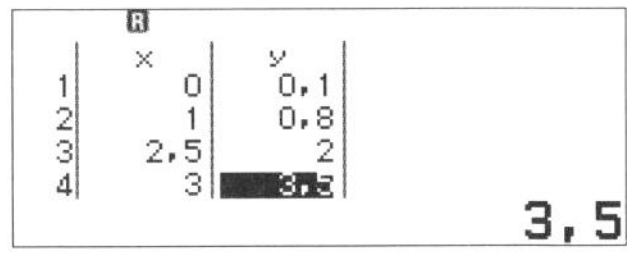

Am Schluss tippst du ein weiteres Mal auf [EXE], nun kannst du die Regressionsfunktion Regression Erg. aufrufen.

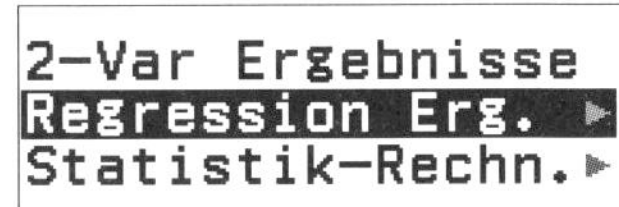

Du wählst die in Frage kommende quadratische Regression und bestätigst mit [EXE].

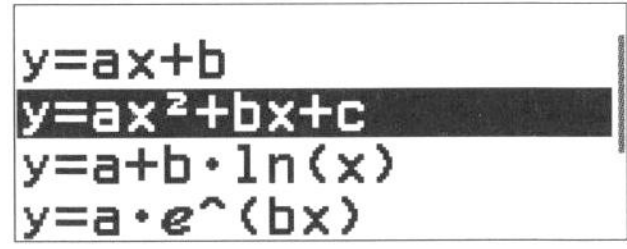

Die Werte von a, b und c werden angezeigt. Nutze [⮌] oder [AC], um die Anzeige zu verlassen.

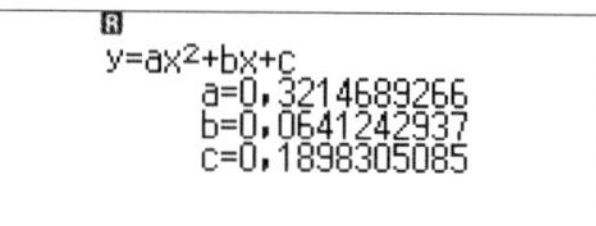

Damit lautet die gesuchte quadratische Funktion (auf 2 Stellen hinter dem Komma gerundet):

$$y = 0,32x^2 + 0,06x + 0,19$$

Beispiel 2

Es soll eine *e*-Funktion bestimmt werden, die die Punkte (0 | 0,1), (1 | 0,8), (2,5 | 2) und (3 | 3,5) möglichst gut approximiert, die Werte können von Beispiel 1 übernommen werden.

Bei der Auswahl der Regressionen wählst du nun die exponentielle Regression.

y=ax+b
y=ax²+bx+c
y=a+b·ln(x)
y=a·e^(bx)

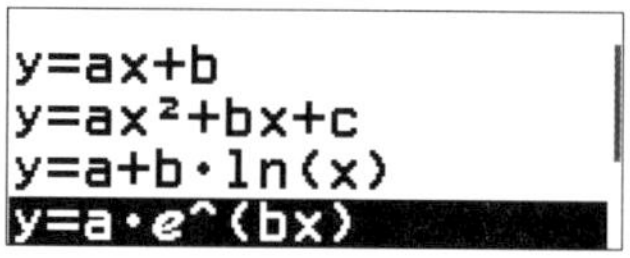

Die Werte der Parameter werden nun angezeigt. Nutze [⮌] oder [AC], um die Anzeige zu verlassen.

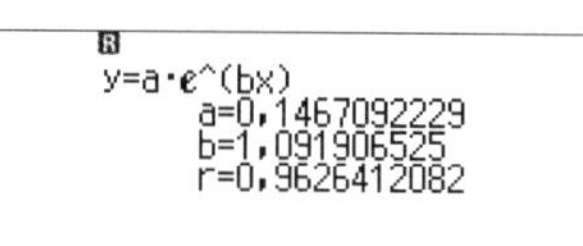

Die gesuchte Exponentialfunktion hat damit die (gerundete) Gleichung

$$y = 0,15 \cdot e^{1,092x}$$

.

- Im Statistik-Modus werden die zur Verfügung stehenden Funktionen mit [○○○] aufgerufen.
- Bei der Listeneingabe springt der Cursor beim Bestätigen mit [EXE] in die nächste Zeile. Am einfachsten ist es daher, erst alle *x*-Werte einzugeben und dann mit [▶] und [▲] zu den *y*-Werten zu navigieren.
- Einzelne Listenzeilen werden mit [⌫] gelöscht.

Übungen

Die folgenden Punkte sind gegeben: (0 | 1), (1 | 2), (2 | 3) und (4 | 6).

a) Bestimme eine lineare Regressionsfunktion.

b) Bestimme eine quadratische Regressionsfunktion.

c) Bestimme eine exponentielle Regressionsfunktion.

4 Verteilungsfunktionen

Die Verteilungsfunktionen werden im Menü mit [HOME] unter Verteilung aufgerufen.

4.1 Die Binomialverteilung

Der fx-991 DE CW hat verschiedene Binomialverteilungsfunktionen installiert.

Die verschiedenen Verteilungsfunktionen werden angezeigt. Der Scrollbalken rechts zeigt, dass du mithilfe von [▼] weitere Menüpunkte aufrufen kannst.

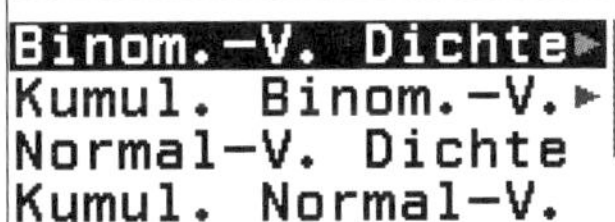

Die verschiedenen Verteilungsfunktionen sind:

- Die Binomialverteilung $P(X = k) = \binom{n}{k} \cdot p^k \cdot (1-p)^{n-k}$ wird erzeugt mit Binom. – V. Dichte.
- Die kumulierte Binomialverteilung $P(X \leqslant k) = F_{n;\,p}(k)$ wird erzeugt mit Kumul. Binom. – V.*

Dabei ist k die Anzahl der Treffer, n die Anzahl der Versuche, p die Wahrscheinlichkeit für einen Treffer.

Beispiel 1

Eine Münze wird fünf mal geworfen. Wie hoch ist die Wahrscheinlichkeit, dass dabei *genau* zwei mal «Zahl» geworfen wird?

Es handelt sich um eine Bernoullikette mit Länge $n = 5$, die Wahrscheinlichkeit für «Zahl» ist $p = \frac{1}{2}$. X beschreibe die Anzahl der Würfe, bei denen «Zahl» auftritt. Also gilt für die Wahrscheinlichkeit, *genau* zweimal «Zahl» zu werfen: $P(X = 2) = \binom{5}{2} \cdot \left(\frac{1}{2}\right)^2 \cdot \left(1 - \frac{1}{2}\right)^{5-2}$.

Dies wird mit der Funktion Binom. – V. Dichte bestimmt.

Zuerst wählst du im Menü die Binomialverteilung Binom. – V. Dichte aus.

Binom.-V. Dichte
Kumul. Binom.-V.
Normal-V. Dichte
Kumul. Normal-V.

Nun wählst du Einzelwert aus.

*Die kumulierte Binomialverteilung wird oft auch mit $F_{n;\,p}(k)$ bezeichnet.

Im folgenden Fenster gibst du die Werte für k, n und p ein und bestätigst jeweils mit [EXE] und zum Schluss bei Ausführen erneut, um die Berechnung zu starten.

```
Binom.-V. Dichte
 k      :2
 n      :5
 p      :0,5
```

Nun wird der Wert für die gesuchte Wahrscheinlichkeit angezeigt. Die gesuchte Wahrscheinlichkeit beträgt also $p = 0,3125$.

```
P=
                0,3125
```

Beispiel 2

Eine Münze wird fünf mal geworfen. Wie hoch ist die Wahrscheinlichkeit, dass dabei *höchstens* zwei mal «Zahl» geworfen wird?

Es handelt sich um eine Bernoullikette mit Länge $n = 5$, die Wahrscheinlichkeit für «Zahl» ist $p = \frac{1}{2}$. X beschreibe die Anzahl der Würfe, bei denen «Zahl» auftritt. Also gilt für die Wahrscheinlichkeit dafür, *höchstens* zweimal «Zahl» zu werfen $P(X \leqslant 2) = F_{5;\frac{1}{2}}(2)$.

Dies wird mit der Funktion Kumul. Binom. – V bestimmt.

Zuerst wählst du im Menü die kumulierte Binomialverteilung Kumul. Binom. – V aus.

```
Binom.-V. Dichte▸
Kumul. Binom.-V.▸
Normal-V. Dichte
Kumul. Normal-V.
```

Nun wählst du Einzelwert aus.

```
Liste
Einzelwert
```

Im folgenden Fenster gibst du die Werte für k, n und p ein, und bestätigst jeweils mit [EXE] und zum Schluß erneut, um die Berechnung zu starten.

```
Kumul. Binom.-V.
 k      :2
 n      :5
 p      :0,5
```

Nach dem Bestätigen mit [EXE] wird der Wert für die gesuchte Wahrscheinlichkeit angezeigt. Die gesuchte Wahrscheinlichkeit beträgt also $p = 0,5$.

Übungen

a) Ein Würfel wird 7-mal geworfen. Wie hoch ist die Wahrscheinlichkeit, dass dabei genau 4-mal eine gerade Zahl geworfen wird?

b) Ein Würfel wird 7-mal geworfen. Wie hoch ist die Wahrscheinlichkeit, dass dabei höchstens 4-mal eine gerade Zahl geworfen wird?

Beispiel 3: n gesucht – komplexe Aufgabe

Wie oft muss man einen Würfel mindestens werfen, um mit einer Wahrscheinlichkeit von über 95 % mindestens einmal eine «6» zu werfen?

Lösung

Der Ansatz von

$$P(X \geqslant 1) > 0{,}95$$

führt zu

$$P(X = 0) \leqslant 0{,}05$$

Du wählst im Menü die kumulierte Binomialverteilung Kumul. Binom. – V und Einzelwert aus. Anschließend gibst du einen Startwert für n ein und die Wahrscheinlichkeit von $\frac{1}{6}$ für den Wurf einer «6».

```
Kumul. Binom.-V.
 k      :0
 n      :1
 p      :1⌟6
```

Nach dem Bestätigen mit [EXE] wird der Wert für die Wahrscheinlichkeit angezeigt.

```
P=
                0,8333333333
```

Diese ist noch zu klein, daher wird der Wert von n nun schrittweise erhöht, bis das Ergebnis kleiner als 0,05 ist. Rechts ist das Ergebnis für n = 16 angezeigt.

```
P=
                0,05408789293
```

Für n = 17 ist die gesuchte Wahrscheinlichkeit kleiner als 0,05, also sind 17 Würfe nötig.

```
P=
                0,04507324411
```

Beispiel 4: Hypothesentest – komplexe Aufgabe

Eine Erhebung hat ergeben, dass 15 % der Besucher eines Baumarkts diesen verlassen, ohne einen Einkauf getätigt zu haben. Die Firmenleitung erweitert aus diesem Grund das Angebot. Sie vermutet, dass sich der Anteil der Baumarktbesucher, die nichts kaufen, verringert hat. Zur Erfolgskontrolle wird das Einkaufsverhalten von 100 zufällig ausgewählten Besuchern erfasst.

a) Berechnen Sie die Wahrscheinlichkeit dafür, dass weniger als 12 der erfassten Besucher ohne Einkauf aus dem Baumarkt gehen, vorausgesetzt, dass sich das Einkaufsverhalten nicht geändert hat.

b) Die Vermutung der Firmenleitung soll auf dem Signifikanzniveau von 5 % getestet werden.
Entwickeln Sie einen geeigneten Hypothesentest und geben Sie die Entscheidungsregel an.

Lösung

a) Man legt X als Zufallsvariable fest für die Anzahl der Personen von 100 zufällig ausgewählten Baumarktbesuchern, welche das Geschäft verlassen, ohne einen Einkauf getätigt zu haben. Unter der Voraussetzung, dass sich das Einkaufsverhalten trotz des erweiterten Angebotes nicht verändert hat und die Einkäufer unabhängig voneinander agieren, ist X binomialverteilt mit $n = 100$ und Trefferwahrscheinlichkeit $p = 0,15$.
Die Wahrscheinlichkeit, dass weniger als 12 der 100 erfassten Besucher ohne Einkäufe aus dem Fachmarkt gehen, erhält man mithilfe des Rechners:

$$P(X < 12) = P(X \leqslant 11) \approx 0,163 = 16,3\,\%$$

Mit einer Wahrscheinlichkeit von etwa 16,3% gehen weniger als 12 der erfassten Besucher ohne Einkauf aus dem Baumarkt.

Du wechselst mit [HOME] zu den Verteilungsfunktionen und rufst Kumul. Binom. – V. auf.

```
Binom.-V. Dichte▸
Kumul. Binom.-V.▸
Normal-V. Dichte
Kumul. Normal-V.
```

Nun wählst du Einzelwert aus.

```
Liste
Einzelwert
```

Im folgenden Fenster gibst du die Werte für k, n und p ein und bestätigst jeweils mit [EXE], am Schluss bestätigst du ein weiteres Mal mit [EXE].

```
Kumul. Binom.-V.
 k      :11
 n      :100
 p      :0,15
```

Nun wird der Wert für die gesuchte Wahrscheinlichkeit angezeigt. Die gesuchte Wahrscheinlichkeit beträgt also $p \approx 0,164$.

```
P=

              0,1634861576
```

b) Um zu überprüfen, ob die Vermutung der Firmenleitung gerechtfertigt ist, der Anteil der Nicht-Käufer habe sich verringert, verwendet man einen Hypothesentest.
Man legt wieder X als Zufallsvariable fest für die Anzahl der Personen von 100 zufällig ausgewählten Besuchern, welche das Geschäft verlassen, ohne einen Einkauf getätigt zu haben. X ist binomialverteilt mit $n = 100$ und Trefferwahrscheinlichkeit $p = 0,15$. Die Nullhypothese lautet in diesem Fall: «Der Anteil der Nicht-Käufer hat sich nicht verändert», also: $H_0: \; p = 0,15$ mit der Irrtumswahrscheinlichkeit $\alpha = 5\%$.
Die Alternativhypothese lautet: $H_1: p < 0,15$. Wegen $H_1: p < 0,15$ handelt es sich um einen linksseitigen Hypothesentest. Für die Entscheidungsregel ist deshalb ein maximales $k \in \mathbb{N}$ und damit ein Ablehnungsbereich $\overline{A} = \{0,...,k\}$ der Nullhypothese so zu bestimmen, dass gilt:

$$P(X \leqslant k) \leqslant 0,05$$

Für $n = 100$ und $p = 0,15$ erhält man mithilfe einer Liste:

$$P(X \leqslant 8) \approx 0,027$$
$$P(X \leqslant 9) \approx 0,055$$

Also ist $k = 8$ das maximale $k \in \mathbb{N}$ und man erhält damit den Ablehnungsbereich $\overline{A} = \{0; \dots; 8\}$ und dementsprechend den Annahmebereich $A = \{9; \dots; 100\}$.
Daraus ergibt sich die folgende Entscheidungsregel: Werden unter den 100 zufällig ausgewählten Besuchern weniger als 9 angetroffen, die nichts kaufen, so wird die Nullhypothese verworfen und die Hypothese der Firmenleitung angenommen, d.h. dass sich der Anteil der Nicht-Käufer verringert hat. Werden mindestens 9 Besucher angetroffen, die nichts kaufen, so wird die Nullhypothese $H_0: \; p = 0,15$ angenommen.
Mit einer Wahrscheinlichkeit von höchstens 5 % gibt man bei dieser Entscheidungsregel der Firmenleitung hierbei irrtümlicherweise recht.
Um das gesuchte k zu bestimmen, kannst du die Listenfunktion der Binomialverteilung benutzen:

Du rufst die Funktion der kumulierten Binomialverteilung Kumul. Binom. – V. auf, wählst in diesem Fall aber Liste.

Liste
Einzelwert

In die Tabelle gibst du nun die Werte für k ein. Aus a) folgt, dass k kleiner als 11 sein muss, da $P(X \leqslant 11) \approx 0,163$. Du gibst z.B. $k = 5$ bis $k = 10$ ein und bestätigst jeweils mit [EXE].

Du bestätigst ein weiteres Mal mit [EXE] und gibst die Werte für n und p ein. Bestätige Ausführen mit [EXE].

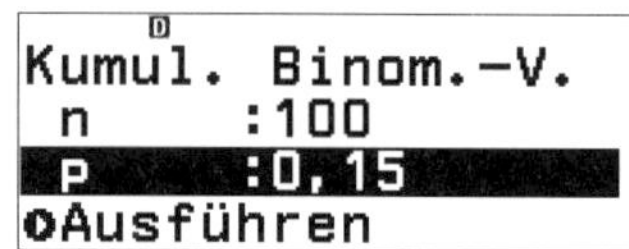

Die Berechnung kann einige Sekunden dauern. Anhand der Tabelle (herunterscrollen!) kannst du sehen, dass für $k = 9$ der Wert von $0,05$ überschritten wurde.

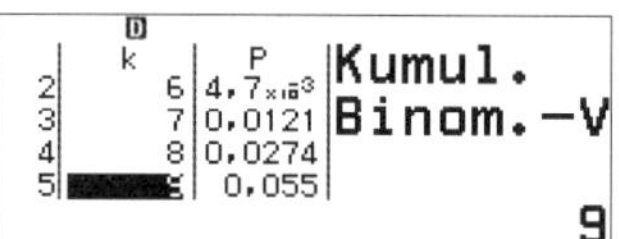

4.2 Die Normalverteilung

Der fx-991 DE CW hat verschiedene Normalverteilungsfunktionen installiert. Diese können direkt im Rechenfenster aufgerufen werden.

Die Verteilungsfunktionen werden im Modusmenü mit [HOME] und Verteilung aufgerufen.

Die verschiedenen Normalvererteilungsfunktionen werden angezeigt.

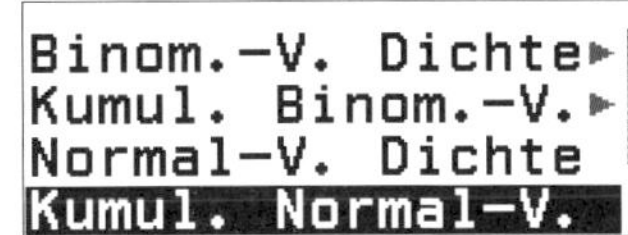

Die verschiedenen Verteilungsfunktionen sind:

- Die Normalverteilungsfunktion $P(X = z) = \varphi\left(\frac{z-\mu}{\sigma}\right)$ wird aufgerufen mit Normal – V. Dichte. (Diese Funktion wird bei der «konkreten» Berechnung von Wahrscheinlichkeiten nicht benötigt.)
- Die kumulierte Normalverteilung $P(X \leqslant z) = \Phi\left(\frac{z-\mu}{\sigma}\right)$ wird erzeugt mit Kumul. Normal – V.

Dabei ist Voraussetzung, dass die Zufallsvariable X normalverteilt ist mit dem Erwartungswert $E[X] = \mu$ und der Standardabweichung $\sigma(X) > 0$.

Beispiel

Eine Maschine produziert Unterlegscheiben. Der Erwartungswert beträgt dabei $\mu = 25$ mm, die Standardabweichung ist $\sigma = 1$ mm. Gesucht sind die folgenden Wahrscheinlichkeiten:

a) Wie hoch ist die Wahrscheinlichkeit für einen Durchmesser zwischen 24 mm und 26 mm?

b) Wie hoch ist die Wahrscheinlichkeit für einen Durchmesser kleiner als 23 mm?

c) Wie groß ist der Wert des größten Durchmessers, wenn man die kleinsten 95 % aller produzierten Scheiben betrachtet?

X sei Zufallsvariable für den Durchmesser. Die gesuchten Werte können mithilfe der Funktion für die kumulierte Normalverteilung Φ bzw. der Inversen Normalverteilung bestimmt werden.

Zuerst rufst du die Verteilungsfunktionen im Modusmenü mit [HOME] und Verteilung auf.

a) Du wählst im Menü die kumulierte Normalverteilung Kumul. Normal – V. mit [EXE] aus.

```
Binom.-V. Dichte▸
Kumul. Binom.-V.▸
Normal-V. Dichte
Kumul. Normal-V.
```

Im folgenden Fenster gibst du die Werte für die untere (24) und die obere (26) Grenze von X ein und bestätigst jeweils mit [EXE].

```
Kumul. Normal-V.
Untere:24
Obere :26
 μ    :25
```

Nun werden die Werte für μ und σ eingegeben: Du bestätigst auch hier mit [EXE].

```
Kumul. Normal-V.
 μ    :25
 σ    :1
○Ausführen
```

Zum Schluss bestätigst du Ausführen mit [EXE].

```
Kumul. Normal-V.
 μ    :25
 σ    :1
○Ausführen
```

Der Wert für die gesuchte Wahrscheinlichkeit wird angezeigt. Die gesuchte Wahrscheinlichkeit beträgt also $p \approx 0,68$.

```
P=

         0,6826894921
```

b) Du wählst im Menü die kumulierte Normalverteilung Kumul. Normal – V. aus.

```
Binom.-V. Dichte▸
Kumul. Binom.-V.▸
Normal-V. Dichte
Kumul. Normal-V.
```

Im folgenden Fenster gibst du die Werte für die untere* und die obere Grenze von X ein und bestätigst jeweils mit [EXE].

```
Kumul. Normal-V.
Untere:-100
Obere :23
 μ    :25
```

Nun werden die Werte für μ und σ eingegeben: Du bestätigst auch hier mit [EXE].

```
Kumul. Normal-V.
Obere :23
 μ    :25
 σ    :1
```

Zum Schluss bestätigst du Ausführen mit [EXE].

```
Kumul. Normal-V.
 μ    :25
 σ    :1
○Ausführen
```

Der Wert für die gesuchte Wahrscheinlichkeit wird angezeigt. Die gesuchte Wahrscheinlichkeit beträgt also $p \approx 0,02$.

```
P=

          0,022750132
```

c) Diese Aufgabe lässt sich mithilfe der kumulierten Normalverteilung durch Ausprobieren lösen:

Du wählst im Menü die kumulierte Normalverteilung Kumul. Normal – V. mit [EXE] aus

```
Binom.-V. Dichte▸
Kumul. Binom.-V.▸
Normal-V. Dichte
Kumul. Normal-V.
```

Gesucht ist der Wert, für den 95 % der Fläche der Normalverteilung überdeckt sind, daher gibst du für die untere Grenze wieder einen kleinen Wert wie z.B. -100 ein.

```
Kumul. Normal-V.
Untere:-100
Obere :0
μ     :0
```

Als nächstes schätzt du einen Wert, der größer ist als der Erwartungswert, z.B. 28.

```
Kumul. Normal-V.
Untere:-100
Obere :28
μ     :0
```

Nun werden die Werte für $\mu = 25$ und $\sigma = 1$ eingegeben: Du bestätigst auch hier mit [EXE]. Zum Schluss bestätigst du Ausführen mit [EXE].

```
Kumul. Normal-V.
Untere:-100
Obere :28
μ     :0
```

Der Wert 0,998 ist größer als der gesuchte Wert 0,95, also musst du einen kleineren Wert als obere Grenze ausprobieren.

```
P=
              0,9986501019
```

Tippe erneut auf [EXE] und gib 27 für die obere Grenze ein. Du bestätigst mit [EXE]. Zum Schluss bestätigst du Ausführen mit [EXE].

```
Kumul. Normal-V.
Untere:-100
Obere :27
μ     :25
```

Das Ergebnis 0,97 ist größer als der gesuchte Wert 0,95, also musst du einen kleineren Wert als obere Grenze wählen.

```
P=
               0,977249868
```

Für die obere Grenze 26,5 ergibt sich 0,933, das ist etwas zu klein.

```
P=
              0,9331927987
```

*Strenggenommen muss man von $-\infty$ bis 23 integrieren. Es reicht in der Regel, einen beliebigen kleinen Wert einzugeben. Bei einem Erwartungswert von 25 und einer Standardabweichung von 1 kann man z.B. -100 als untere Grenze benutzen, ohne dass die Ergebnisse nennenswert abweichen würden.

Für die obere Grenze 26,6 ergibt sich 0,945, dieser Wert ergibt auf zwei Stellen hinter dem Komma gerundet 0,95.

P=
0,9452007083

Der Höchstdurchmesser von 95% aller Scheiben beträgt also ca. 26,6 mm.

Übungen

In einer Bäckerei lässt sich das Gewicht von Brezeln durch eine Normalverteilung mit dem Erwartungswert $\mu = 58\,\text{g}$ und der Standardabweichung $\sigma = 2\,\text{g}$ beschreiben.
Berechne folgende Wahrscheinlichkeiten:

a) Eine Brezel wiegt weniger als 55 g.

b) Eine Brezel wiegt zwischen 57 g und 59 g.

c) Welches Mindestgewicht haben die schwersten 5% der Brezeln?

5 Tabellenkalkulation

Die Tabellenkalkulation ermöglicht Berechnungen mithilfe von Tabellen. Dabei können vier Zeilen gleichzeitig dargestellt werden.

Beispiel

Es sollen in der Spalte A Zahlenwerte eingegeben werden und diese in Spalte B mit 1,1 multipliziert werden. In C1 soll die Summe der Daten aus der zweiten Spalte berechnet werden.

In die erste Spalte können einige beliebige Werte eingegeben werden. Die Eingabe wird jeweils mit [EXE] abgeschlossen.

	A	B	C	D
2	3			
3	4			
4	7			
5				

Nun wechselst du in die oberste Zelle von Spalte B und tippst [○○○] .

	A	B	C	D
1	2			
2	3			
3	4			
4	7			

Du wählst Mit Formel füllen und bestätigst mit [EXE].

Mit Formel füllen
Mit Wert füllen
Zelle bearbeiten
verfüg. Speicher

Nun gibst du S[A] [1] [×] [1][,][1] ein und bestätigst mit [EXE].

Mit Formel füllen
Formel=A1×1,1
Zellen:B1:B1
Bestätigen

Du befindest dich nun in der nächsten Zeile und nutzt [►] um die Zellen anzupassen, auf die sich die Formel bezieht. Bestätige mit [EXE].

Mit Formel füllen
Formel=A1×1,1
Zellen:B1:B4
Bestätigen

Nun werden in Spalte B die Berechnungsergebnisse angezeigt.

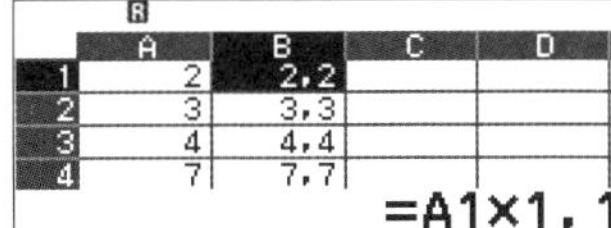

Um die Summe zu berechnen, bewegst du den Cursor auf die Zelle C1. Nun nutzt du S[=] oder [CATALOG] um eine Formel einzugeben.

	A	B	C	D
1	2	2,2		
2	3	3,3		
3	4	4,4		
4	7	7,7		

=

Tippe auf [CATALOG], wähle Tabellenk.und bestätige mit [EXE]

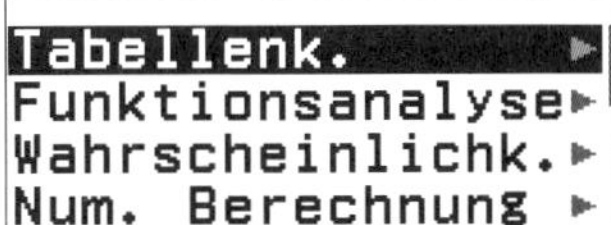

Nutze dann [▼] und wähle Summe.

Um den Doppelpunkt einzugeben, nutzt du [CATALOG] und Tabellenk.

Die Summe steht nun da.

Nach dem Bestätigen mit [EXE] wird die Summe in der Zelle C1 angezeigt.

Wenn du Werte in der ersten Spalte änderst, wird die Summe in C1 automatisch aktualisiert.

- Zellinhalte können kopiert oder ausgeschnitten werden. Es sind absolute und relative Zellbezüge möglich. (Mithilfe des $-Zeichens.) Nutze [∘∘∘].

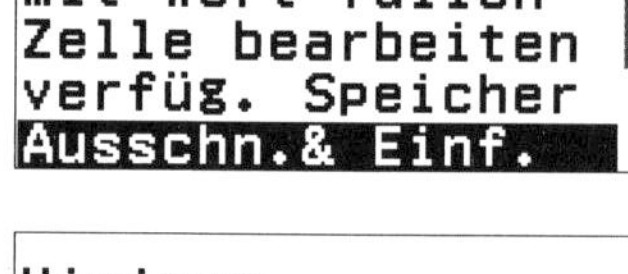

- Unter [CATALOG] und Tabellenk. stehen verschiedene mathematische Berechnungsmöglichkeiten zur Verfügung.

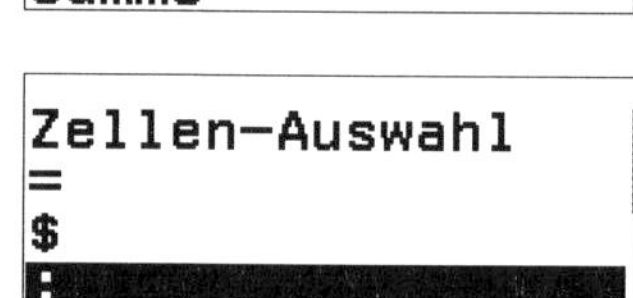

- Soll ein Bereich zwischen Zellen ausgewählt werden, wird dieser mit einem Doppelpunkt markiert. Nutze [CATALOG] und Tabellenk.
- Mithilfe von [∘∘∘] können alle Befehle und Funktionen aufgerufen werden, die zur Verfügung stehen.
- Wenn du eine Eingabe verlassen willst, nutzt du [⮌] oder [AC].

Übung

Eine Summe von 50 € soll für 5 Jahre auf der Bank angelegt werden. Der Zinssatz, den die Bank bietet, beträgt 3%. Berechne das Guthaben am Ende der ersten 6 Jahre mithilfe einer Tabelle. Berechne dafür den Wert mithilfe des Zinsfaktors 1,03.

6 Wertetabellen – Funktionen untersuchen

6.1 Funktionswerte im Berechnungsfenster berechnen

Mit der Taste [FUNCTION] kannst du Funktionen inder Rechner-Anwendung, d.h. direkt im *Berechnungsfenster* definieren und anschließend Funktionswerte berechnen.

Wenn du auf [FUNCTION] tippst, gelangst du in das Funktionsmenü. Mit den oberen beiden Menüpunkten kannst du Funktionswerte berechnen, mit den unteren beiden werden die Funktionen definiert.

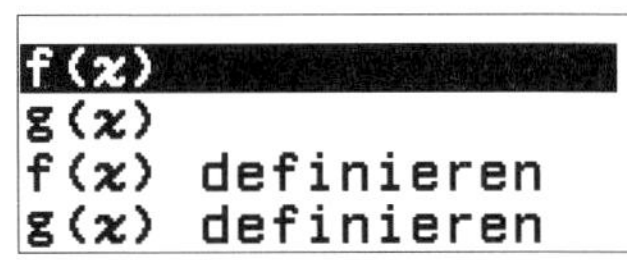

Beispiel

Gesucht ist der Funktionswert für $x = 2,5$ der Funktion $f(x) = -x^2 + 4x - 1$.

Zuerst nutzt du [FUNCTION] und wählst dann f(x) definieren, bestätige mit [EXE].

f(x) definieren
g(x) definieren

Nun kannst du die Funktion eingeben, x wird dabei mit [x] eingegeben. Die Eingabe wird mit [EXE] abgeschlossen.

f(x)=−x²+4x−1

Du tippst [FUNCTION] ein weiteres Mal und wählst dann f(x), bestätige mit [EXE].

f(

Nun gibst du den gewünschten Wert 2,5 ein, schließt die Klammer und bestätigst anschließend mit [EXE].

f(2,5)

Der gesuchte Funktionswert wird angezeigt und kann bei Bedarf mit [FORMAT] in eine Dezimalzahl umgewandelt werden.

f(2,5)

$\frac{11}{4}$

Übung

Gib für die Funktion $f(x) = x^2 - 3x + 1$ den Funktionswert von $x = 3,5$ an.

6.2 Wertetabellen

Es ist möglich, die Wertetabellen von zwei Funktionen gleichzeitig darzustellen. Dazu wird die Wertetabellenanwendung benutzt. Wenn du vorher eine Funktion mit [FUNCTION] definiert hast, wird diese in die Wertetabellenanwendung übernommen.

Dazu wählst du unter [HOME] den Eintrag Wertetab. und bestätigst mit [EXE].

Anschließend werden die Wertetabellen angezeigt. Da noch keine Funktionen definiert sind, steht unten Keine.

Das Tippen auf [∘∘∘] öffnet das Menü, in dem die verschiedenen Bearbeitungsmöglichkeiten angezeigt werden.

Beispiel 1

Gesucht ist die Wertetabelle der Funktion $f(x) = -x^2 + 4x - 1$ von 1 bis 5 und einer Schrittweite von 1.

Zuerst wechselst du mit [HOME] und Wertetab. in die Wertetabellenanwendung, tippst auf [∘∘∘] und wählst zunächst f(x)/g(x) defin. und dann f(x) definieren.

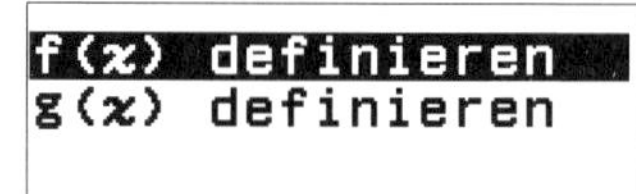

Nun kannst du die Funktion eingeben, x wird dabei mit [x] eingegeben. Die Eingabe wird mit [EXE] abgeschlossen.

Da noch kein Tabellenbereich definiert wurde, können noch keine Werte angezeigt werden. Du nutzt wieder [∘∘∘], wählst jetzt aber Tabellenbereich.

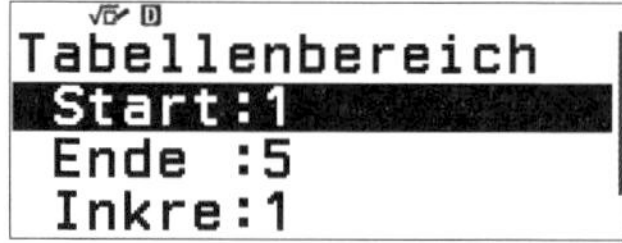

Wenn du die Werte übernehmen willst, nutzt du [▼], zum Schluss bestätigst du Ausführen mit [EXE].

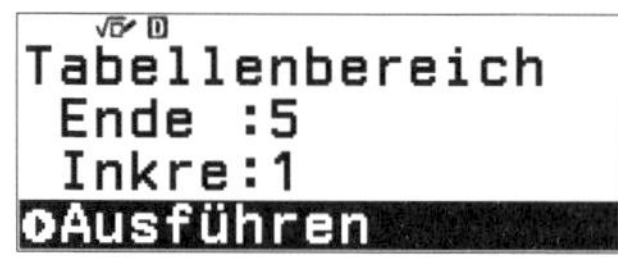

Nun werden die x-Werte und die Funktionswerte der Funktionen dargestellt. Mit [▼] und [▲], sowie [▶] und [◀] kannst du innerhalb der Wertetabelle navigieren.

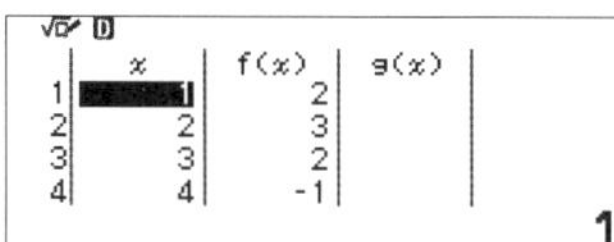

Beispiel 2 «Verifizieren»

Mithilfe der Funktion Verifizieren ist es möglich, zu überprüfen, ob eingegebene Funktionswerte korrekt sind. Dies soll am Beispiel $f(x) = x^2 - 1$ gezeigt werden.

Der Funktionsterm wird eingegeben wie im Beispiel 1 beschrieben.

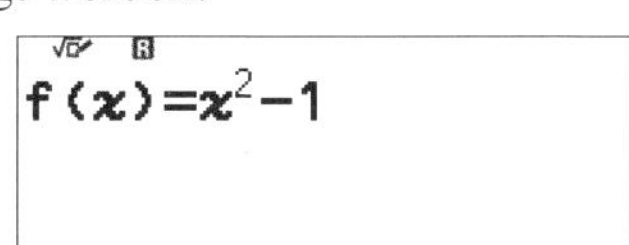

Nun nutzt du [ooo] und wählst dann Verifizieren. Im Moment ist die Funktion deaktiviert, daher steht dort EIN.

Du bestätigst mit [EXE], nun werden nur die x-Werte in der Wertetabelle angezeigt. An dem Haken oben rechts erkennst du, dass die Verifizieren-Funktion aktiviert ist.

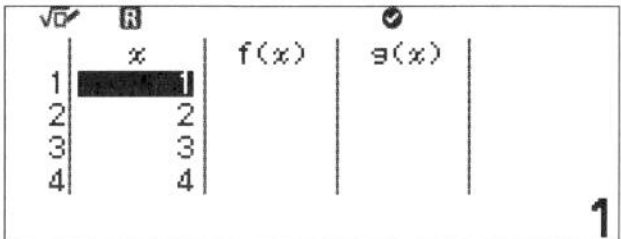

Du wechselst in die Spalte $f(x)$, nun kannst du den entsprechenden Funktionswert eingeben.

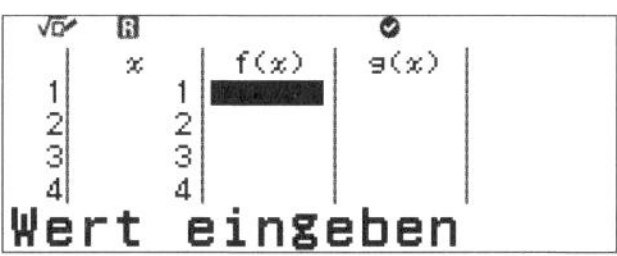

Im Beispiel gilt $f(1) = 1^2 - 1 = 0$, also gibst du 0 ein und bestätigst mit [EXE]. Die Eingabe wird bestätigt.

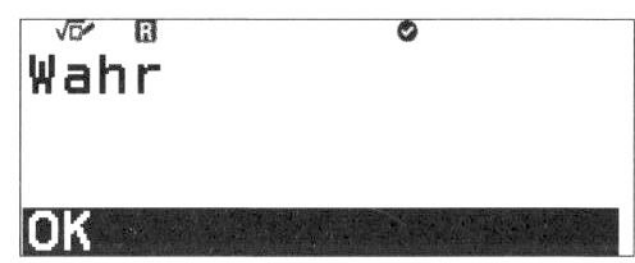

Nach einem weiteren Druck auf [EXE] gelangst du wieder in die Tabelle.

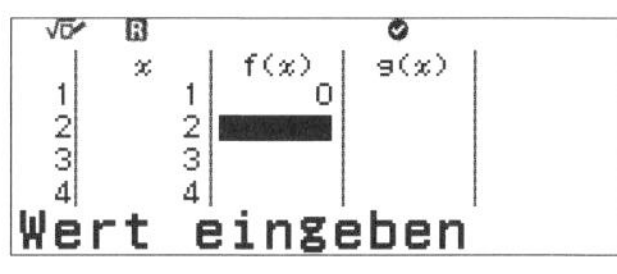

War die Eingabe falsch, wird dies entsprechend angezeigt und du gelangst mit [EXE] zurück zur Eingabe.

Um Verifizieren zu deaktivieren, nutzt du [ooo] und wählst Verifizieren AUS. Anschließend wird oben kein Haken mehr angezeigt.

- Wenn du nur die Werte für eine Funktion anzeigen lassen willst, kannst du das unter [ooo], und Tabellentyp einstellen. Der Einstellung wird mit [AC] oder der Taste [↺] verlassen

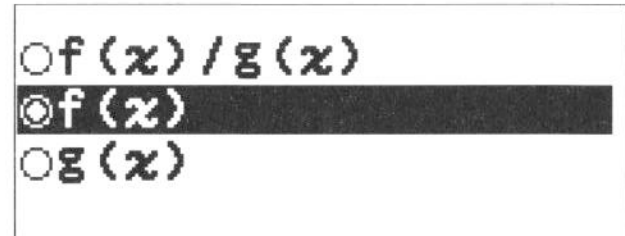

Allerdings musst du dann ein weiteres Mal in Tabellenbereich wechseln und unten die Berechnung mit Ausführen starten.

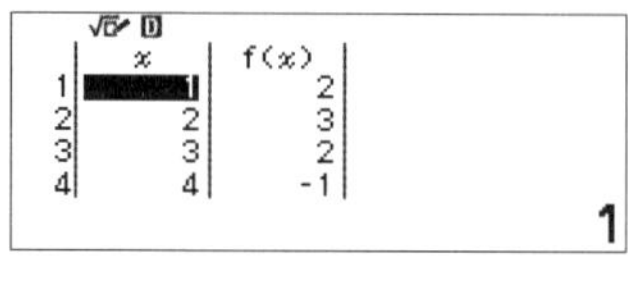

- Zusätzliche Funktionswerte berechnest du, indem du den x-Wert eingibst und mit [EXE] bestätigst. Rechts wurde der Funktionswert für $x = 12$ berechnet

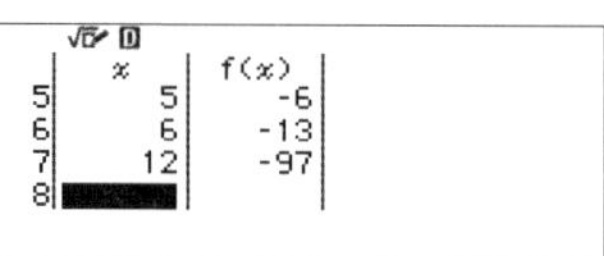

- Mit [∘∘∘] und Editieren lässt sich wahlweise eine Zelle einfügen oder alles löschen.

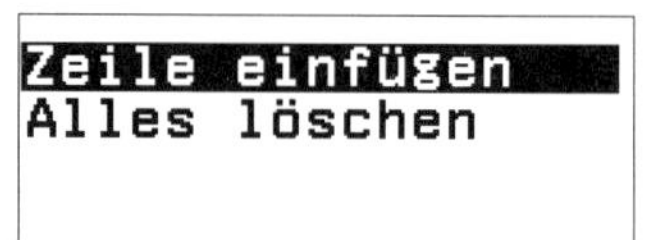

- Um zur Funktionseingabe zurückzukehren, tippst du auf [AC].
- Um eine Eingabe abzubrechen, nutzt du die Taste [⮌].
- Um wieder in den Berechnungsmodus zu wechseln, benutzt du [MENU].
- Eine Funktion, die in der Wertetabellenanwendung eingegeben wurde, kann im Berechnungsmodus mit [FUNCTION] aufgerufen werden.
- Falls du für eine Funktion eine Variable benutzt, z.B. $f(x) = x^2 - \mathrm{A}$ und diese nachträglich änderst, musst du Neu berechnen nutzen, um die Funktion zu aktualisieren.

- Wenn du Berechnungen an trigonometrischen Funktionen durchführst, ist es wichtig, dass der Taschenrechner auf Bogenmaß gestellt ist, siehe Seite 123.

Übung

Gib eine Wertetabelle für die Funktion $f(x) = x^3 + 2x + 1$ von 0 bis 2 mit einer Schrittweite von $0,5$ an.

7 Gleichungen und Gleichungssysteme

Der Taschenrechner kann lineare Gleichungssysteme und Polynomgleichungen lösen. Dies geschieht in der Gleichungs-Anwendung.

7.1 Lineare Gleichungssysteme

Lineare Gleichungssysteme (LGS) können über die integrierte Gleichungslösefunktion gelöst werden, jedoch berechnet diese Funktion nur die Lösung eindeutig lösbarer Gleichungssysteme; unlösbare Gleichungssysteme und Gleichungssysteme mit unendlich vielen Lösungen werden zwar als solche erkannt, allerdings musst du die Lösung eines Gleichungssystems mit unendlich vielen Lösungen dann «von Hand» ermitteln.

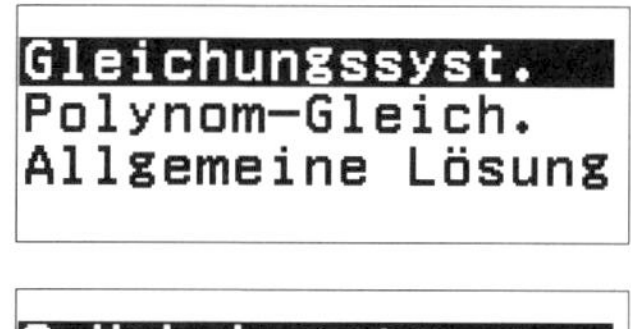

Lineare Gleichungssysteme werden mit dem Gleichungslöser Gleichung gelöst. Diesen rufst du im Menü auf.

2 Unbekannte
3 Unbekannte
4 Unbekannte

Nun wählst du die Anzahl der Unbekannten. Du kannst LGS mit 2 bis 4 Unbekannten lösen.

Beispiel 1 – eindeutige Lösung

Gesucht ist die Lösung des folgenden linearen Gleichungssystems:

$$\begin{array}{rcrcrcr} x_1 & + & 2x_2 & - & x_3 & = & 8 \\ -x_1 & + & x_2 & + & 2x_3 & = & 0 \\ -x_1 & - & 5x_2 & - & 4x_3 & = & -12 \end{array}$$

Mit [MENU] rufst du das Menü auf und wechselst zum Gleichungslöser. Anschließend wählst du Gleichungssyst. und wählst 3 Unbekannte, da es sich um ein Gleichungssystem mit drei Variablen handelt.

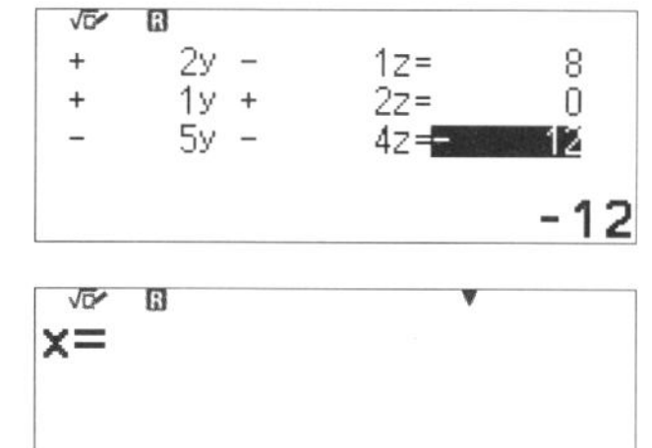

Du gibst die Koeffizienten ein. Die einzelnen Eingaben werden mit [EXE].

x=
1

Durch Tippen von [EXE] am Ende der Eingabe wird die erste Lösungsvariable angezeigt.

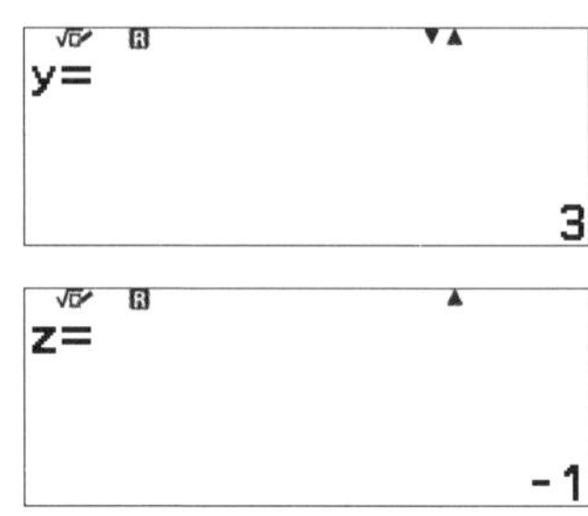

Die weiteren Lösungsvariablen erhältst du mit [EXE] oder mit [▼]. Mit [▲] kannst du wieder zu den vorherigen Lösungen wechseln.

Die Lösungsmenge für das lineare Gleichungssystem ist also $L = \{(1; 3; -1)\}$.

Beispiel 2 – keine Lösung

Gesucht ist die Lösung des folgenden linearen Gleichungssystems:

$$\begin{array}{rcrcrcl} x_1 & + & 2x_2 & + & x_3 & = & 4 \\ -x_1 & - & 4x_2 & + & x_3 & = & 7 \\ 2x_1 & + & 8x_2 & - & 2x_3 & = & 8 \end{array}$$

Das lineare Gleichungssystem wird wie in dem vorangehenden Beispiel eingegeben.

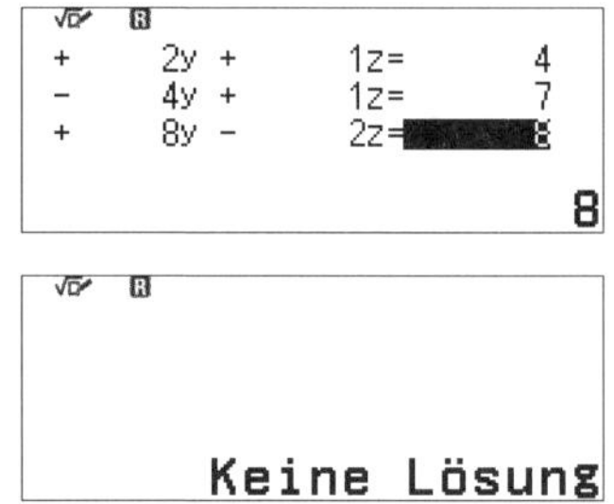

Die einzelnen Eingaben werden mit [EXE] abgeschlossen. Beim Tippen von [EXE] am Ende der Eingabe wird eine Meldung angezeigt.

Dieses Gleichungssystem hat entsprechend keine Lösung.

Beispiel 3 – unendlich viele Lösungen

Gesucht ist die Lösung des folgenden linearen Gleichungssystems:

$$\begin{array}{rcrcrcl} x_1 & + & 2x_2 & - & x_3 & = & 8 \\ -x_1 & + & x_2 & + & 2x_3 & = & 0 \\ x_1 & - & x_2 & - & 2x_3 & = & 0 \end{array}$$

Das lineare Gleichungssystem wird wie in dem vorangehenden Beispiel eingegeben.

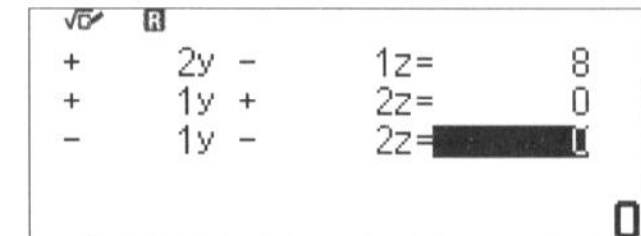

Die einzelnen Eingaben werden mit [EXE] abgeschlossen. Beim Tippen von [EXE] am Ende der Eingabe wird eine Meldung angezeigt.

Übungen

Bestimme die Lösung der folgenden linearen Gleichungssysteme:

a)
$$\begin{array}{rcrcr} 3x & + & 4y & = & 17 \\ -2x & + & y & = & -4 \end{array}$$

b)
$$\begin{array}{rcrcr} 2x & + & 4y & = & 13 \\ 3x & + & 6y & = & -5 \end{array}$$

c)
$$\begin{array}{rcrcr} 4x & - & 2y & = & 7 \\ -6x & + & 3y & = & -10,5 \end{array}$$

d)
$$\begin{array}{rcrcrcr} x & + & 2y & - & 2z & = & 7 \\ x & - & y & - & 4z & = & -9 \\ x & + & 4y & + & 3z & = & 25 \end{array}$$

7.2 Polynomgleichungen

Um eine Polynomgleichung zu lösen wählst du in der Gleichungsanwendung Polynom – Gleich.

Gleichungssyst.
Polynom-Gleich.
Allgemeine Lösung

Es können Gleichungen 2ten, 3ten und 4ten Grades gelöst werden.

ax²+bx+c
ax³+bx²+cx+d
ax⁴+bx³+cx²+dx+e

Beispiel

Gesucht sind die Lösungen der Gleichung $2x^2+3x+3=4$.

Da es sich um eine quadratische Gleichung handelt, wählst du $\mathsf{ax}^2+\mathsf{bx}+\mathsf{c}$ und bestätigst mit [EXE].

ax²+bx+c
ax³+bx²+cx+d
ax⁴+bx³+cx²+dx+e

Zuerst stellst du die Gleichung nach Null um: $2x^2+3x-1=0$. Nun gibst du die Koeffizienten ein und bestätigst jeweils mit [EXE].

ax²+bx+c
ax³+bx²+cx+d
ax⁴+bx³+cx²+dx+e

Mit [EXE] wird die Gleichung gelöst. Die erste Lösung wird nun angezeigt.

$ax^2+bx+c=0$
$x_1=$ $\frac{-3+\sqrt{17}}{4}$

Um eine näherungsweise Lösung anzeigen zu lassen, benutzt du [FORMAT] und Dezimal.

$ax^2+bx+c=0$
$x_1=$ 0,2807764064

Durch erneutes Tippen von [EXE] oder [▼] wird die zweite Lösung angezeigt.

$ax^2+bx+c=0$
$x_2=$ $\frac{-3-\sqrt{17}}{4}$

Auch hier gibt es eine näherungsweise Lösung, die du mit [FORMAT] und Dezimal aufrufen kannst.

ax²+bx+c=0
X₂=
-1,780776406

- Mit [▲] wechselst du wieder zur ersten Lösung zurück.
- Mit [⮌] oder [AC] kehrst du zur Eingabe der Koeffizienten zurück.
- Wenn du ein weiteres Mal auf [EXE] tippst, wird der x-Wert des (lokalen) Minimums der zugehörigen Parabel angezeigt.*

  Min v. y=ax²+bx+c
  x=
  $-\frac{3}{4}$

  Ein weiterer Druck auf [EXE], zeigt den y-Wert des (lokalen) Minimums der zugehörigen Parabel an.

  Min v. y=ax²+bx+c
  y=
  $-\frac{17}{8}$

- Für kubische Gleichungen gehst du analog vor.

- Besitzt die Gleichung keine rellen Lösungen, werden die komplexen Lösungen angezeigt, die du an einem fett geschriebenen «**i**» erkennst.

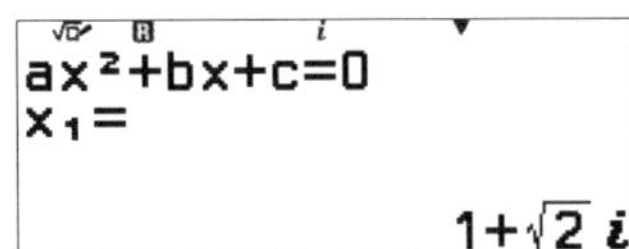

  Mit [FORMAT] und Polarkoordinaten kann die Lösung entsprechend umgewandelt werden.

  ax²+bx+c=0
  X₁=
  √3∠0,9553166181

- Mit [○○○] kann unter Komplexe Wurzeln gewählt werden, ob komplexe Lösungen angezeigt werden.

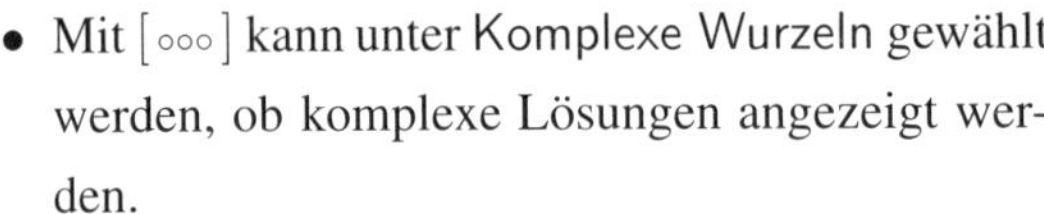

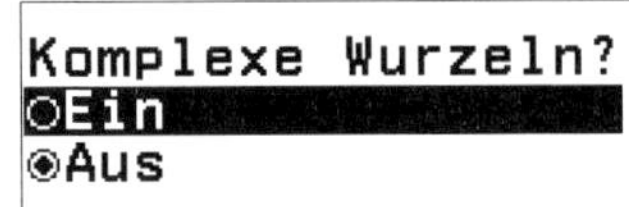

  Ist die Funktion nicht aktiviert, wird in diesem Fall Kein reelles Erg. angezeigt.

  Kein reelles Erg.

Übungen

Löse die folgenden Gleichungen:

a) $x^2+2x-3=0$

b) $2x^2+2x+4=0$

c) $2x^3-4x^2-x+3=0$

d) $9x^3-9x^2+4x-4=0$

*Wenn der Wert des Parameters a größer als Null ist, wird der x-Wert des Minimums angezeigt, wenn der Wert von von a kleiner als Null ist, wird der x-Wert des Maximums angezeigt.

7.3 Allgemeine Gleichungen

Allgemeine Gleichungen lassen sich mit der Funktion Allgemeine Lösung lösen. Diese Funktion verwendet das Newtonsche Näherungsverfahren, entsprechend muss sie mit Umsicht angewendet werden.

```
Gleichungssyst.
Polynom-Gleich.
Allgemeine Lösung
```

Beispiel

Gesucht sind die Lösungen der Gleichung $x^2 = \sin(x) + 1$.

Zuerst gibst du die Gleichung ein, das Gleichheitszeichen wird mit ^{S} [=] eingegeben. Für die Variable x verwendest du [x]. Anschließend drückst du [EXE].

```
x²=sin(x)+1
```

Nun gibst du einen Startwert vor und bestätigst Ausführen mit [EXE]

```
Startwert
eingeben
x =1
▷Ausführen
```

Nun wird eine Lösung angezeigt. Mit [↶] kannst du wieder zurück zur Eingabezeile wechseln.

```
x²=sin(x)+1

x=      1,409624004
L-R=              0
```

- Mit dieser Methode findest du nicht automatisch *alle* Lösungen, sondern nur die Lösung, die dem Startwert am nächsten liegt. 
- Die letzte Zeile L – R (d.h. «Linke Seite – Rechte Seite») gibt die Güte der Lösung an. Je näher der Wert an Null ist, desto genauer ist die Lösung.
- Folgende Einschränkungen bestehen bei dieser Methode: 
  - Die Lösung der Gleichung sollte vorher möglichst gut geschätzt werden.
  - Es gibt keine Anhaltspunkte, ob nur die angegebene oder noch weitere Lösungen existieren.
  - Bei periodischen Funktionen und bei Funktionen mit starker Steigung in der Nullstelle kann es zu Problemen kommen.
- Das Beispiel der Gleichung $x^4 + x = 2$ mit den zwei Lösungen $x_1 = 1$ und $x_2 \approx -1,35$ zeigt, dass es wichtig ist, die Anzahl der Lösungen vorher zu kennen, da sonst eine Lösung vergessen werden kann. 
- Wenn der Rechner keine Lösung findet, wird Fortfahren eingeblendet. In diesem Fall wird die Berechnung in einem größeren Bereich fortgesetzt.

7.4 Verifizieren

Mithilfe der Funktion Verifizieren ist es möglich, zu überprüfen, ob Gleichungen korrekt gelöst wurde.

Beispiel 1

Es sollen die Lösungen für die Gleichung $x^2 - 1 = 0$ verifiziert werden.
Du rufst die Gleichungsanwendung auf und wählst $\mathrm{a}x^2 + \mathrm{b}x + \mathrm{c}$.

Nun nutzt du [∘∘∘] und wählst dann Verifizieren. Im Moment ist die Funktion deaktiviert, daher steht dort EIN. Bestätige mit [EXE].

Nun gibst du die Koeffizienten ein.

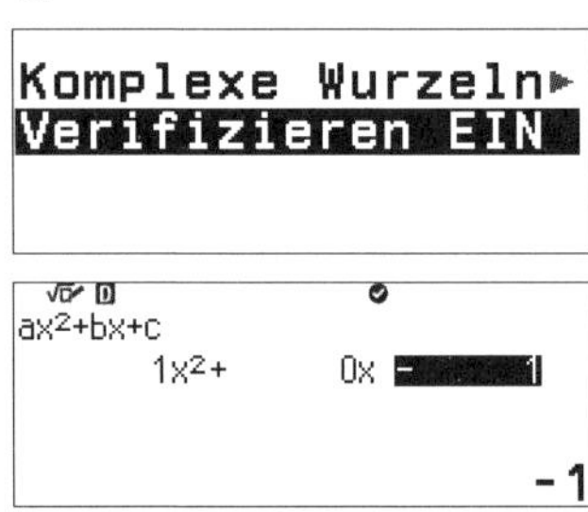

Nach dem Bestätigen mit [EXE] wird das rechts stehende Fenster angezeigt.

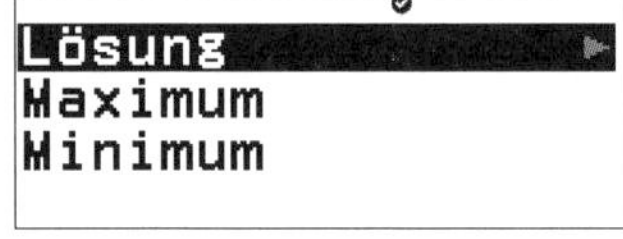

Du bestätigst Lösung mit [EXE] und wählst 2 Lösungen, da es sich um eine quadratische Gleichung mit zwei Lösungen handelt.

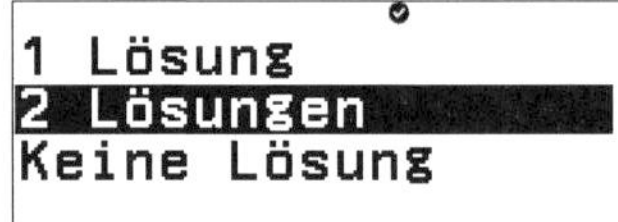

Gib die beiden Lösungen ein, die überprüft werden sollen und schließe die Eingabe mit Ausführen ab.

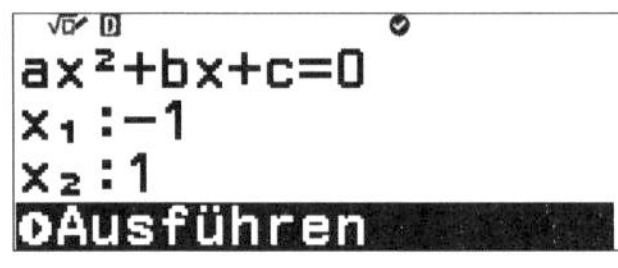

Ist die Eingabe richtig, wird dies bestätigt.

Eine falsche Eingabe wird entsprechend gemeldet.

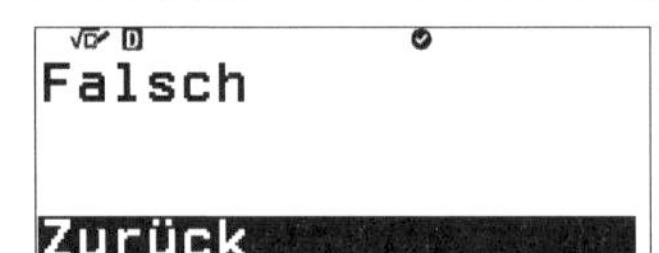

- Falls gewünscht können die Lösungen auch noch einmal angezeigt werden, dazu wählst du Lösung bestätigen.

- Die Funktion steht nicht für alle Gleichungen zur Verfügung. Entsprechend erscheint dann die rechts stehende Meldung.

Beispiel 2

Es können auch Gleichungsausdrücke in der Berechnungs-Anwendung verifiziert werden. Es soll verifziert werden, ob der Ausdruck $\sqrt{16}+2=6$ wahr ist.

Du wählst [○○○] und aktivierst die Verifzieren-Funktion mit [EXE].

Du erkennst an dem kleinen Häkchen oben, dass sie nun aktiiviert ist.
Anschließend gibst die Gleichung ein. Nutze dazu ^{S} [=].

Nach der Bestätigung mit [EXE] wird angezeigt, dass die Gleichung wahr ist.

Wenn die Gleichung falsch ist, wird dies ensprechend angezeigt.

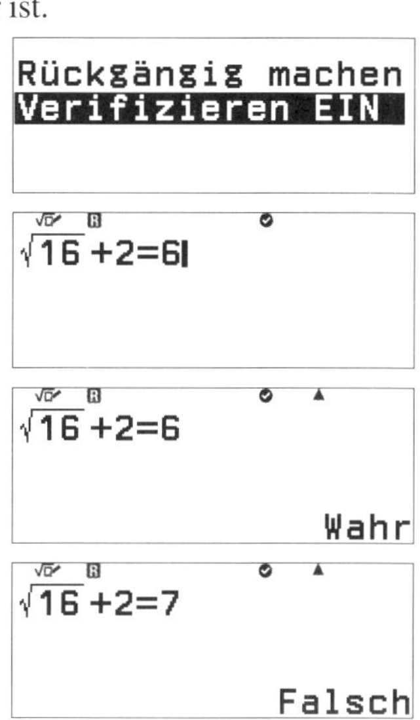

8 Ungleichungen

Ungleichungen können mit der Anwendung Ungleichungen gelöst werden.

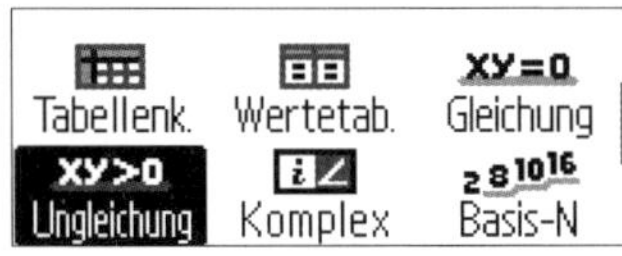

Dabei ist es möglich, Ungleichungen vom Grad 2 bis 4 zu lösen.

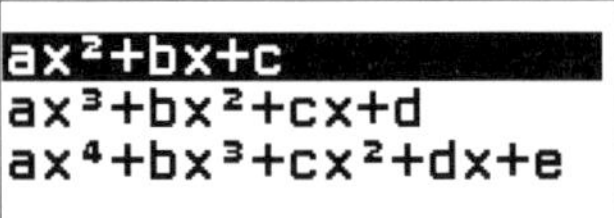

Es stehen jeweils verschiedene Ungleichungen zur Verfügung.

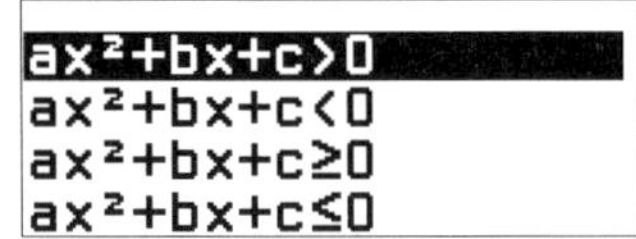

Beispiel

Gesucht sind die Lösungen der Ungleichung $x^2 - 6x + 4 > 0$.

Du wählst den Ungleichungslöser und wählst $\mathrm{ax}^2 + \mathrm{bx} + \mathrm{c}$ mit [EXE] aus.

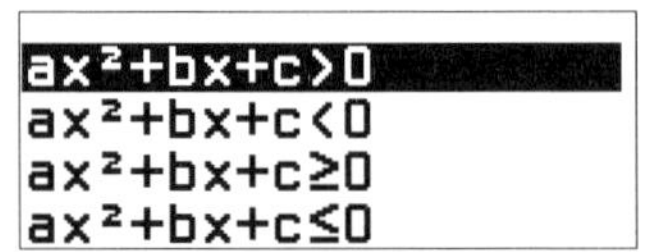

Nun gibst du die Koeffizienten ein und schließt die Eingabe jeweils mit [EXE] ab.

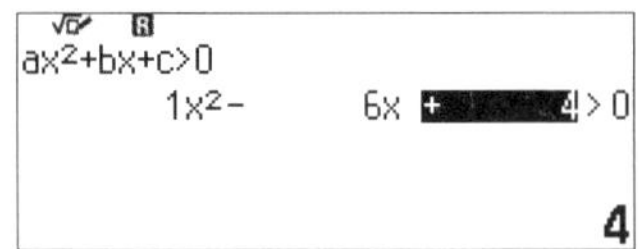

Mit [EXE] wird die Ungleichung gelöst. Die Lösungen werden nun angezeigt. Die Ungleichung wird gelöst für $x < 3 - \sqrt{5}$ und $x > 3 + \sqrt{5}$.

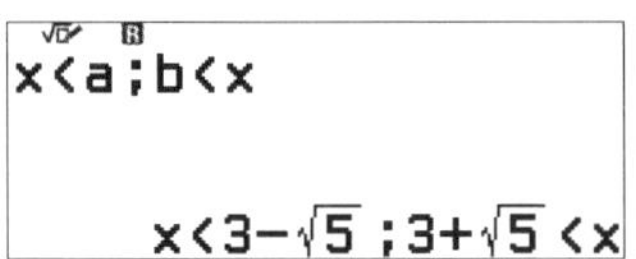

Um eine näherungsweise (dezimale) Lösung anzeigen zu lassen, benutzt du [FORMAT].

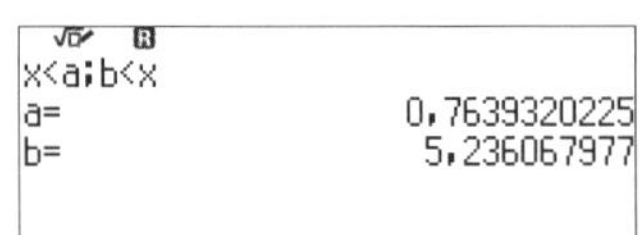

- Mit [↶] oder [AC] oder kehrst du zur Eingabe der Koeffizienten zurück.
- Wenn die Gleichung durch alle (reellen) Zahlen gelöst wird, wird das entsprechend angezeigt.

- Wenn keine Lösung existiert, wird das auch entsprechend angezeigt.

- Bei den anderen Ungleichungstypten gehst du analog vor.

Übungen

Löse die folgenden Ungleichungen

a) $x^2 - 6x - 3 \leqslant 0$

b) $x^2 - 10x + 22 > 0$

c) $x^3 - 2x^2 + 1 < 0$

d) $-x^3 + 5 > 0$

9 Komplexe Zahlen

Der fx-991 DE CW kann mit komplexen Zahlen rechnen. Dabei erfolgt die Eingabe von *i* (gold gedruckt darüber) mit S [*i*], d.h. der [SHIFT]und [9]-Taste.

Der Modus für komplexe Zahlen wird unter [HOME] aufgerufen.

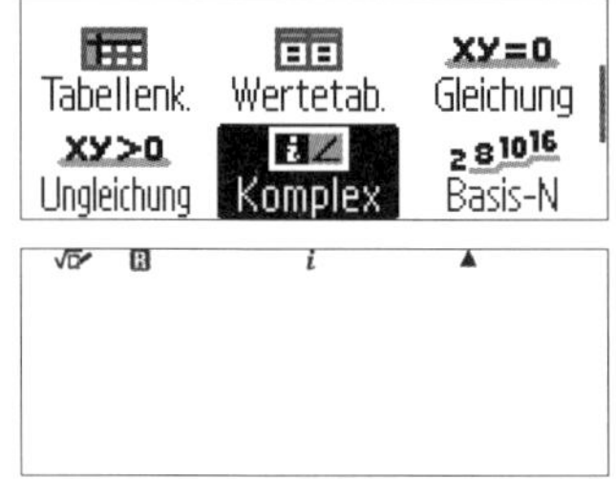

Den Modus für komplexe Zahlen erkennst du an der Anzeige von *i* oben in der Mitte der Statuszeile.

Beispiel

Es sollen die beiden Zahlen $3+2\mathrm{i}$ und $5+5\mathrm{i}$ addiert werden und das Ergebnis zusätzlich in Polarkoordinaten angezeigt werden.

Du gibst die Werte ein, benutzt dabei die S [*i*], -Taste für *i* und schließt die Eingabe mit [EXE] ab.

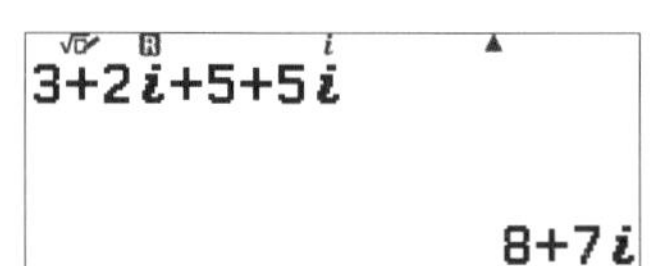

Um das Ergebnis in Polarkoordinaten darzustellen, tippst du auf [FORMAT].

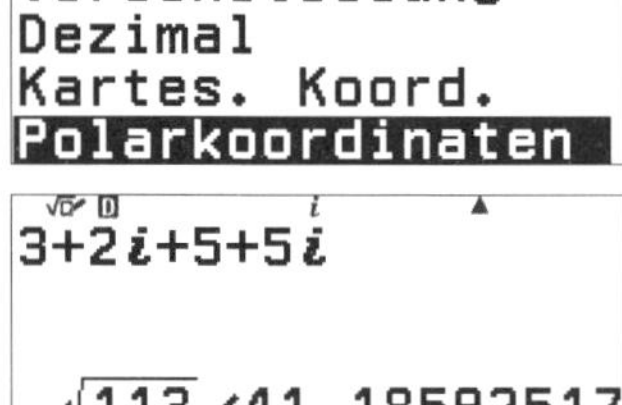

Wähle Polarkoordinaten und bestätige mit[EXE]. Achte darauf, dass der Taschenrechner auf «Grad» eingestellt ist und nicht «Bogenmaß»

Um das Ergebnis wieder in kartesischen Koordinaten darszustellen, nutzt du [FORMAT] und wählst anschließend Kartes. Koord. Bestätige mit[EXE].

Anschließend wird das Ergebnis wieder in kartesischen Koordinaten angezeigt.

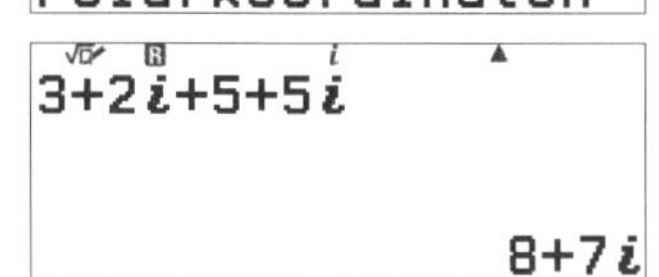

- Um Zahlen in Polarkoordinaten einzugeben, gibst du erst den Radius an, nutzt dann [CATALOG] und Komplex, dort wählst du das ∠ und schließt die Eingabe mit [EXE] ab.

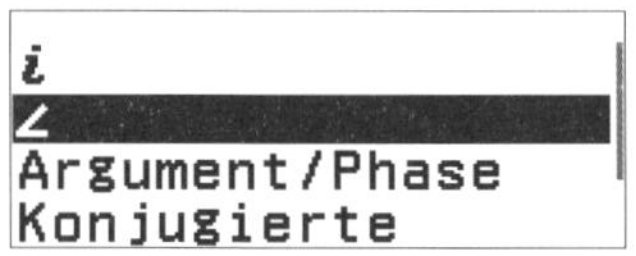

Nun gibst du den Winkel ein und schließt die Eingabe mit [EXE] ab.

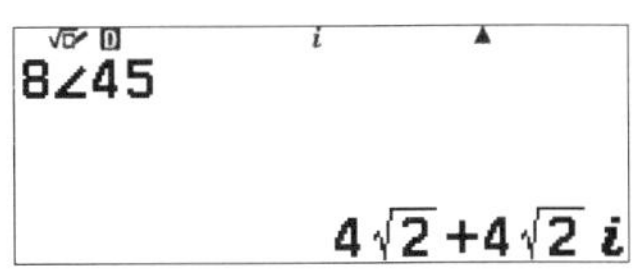

- Du kannst auch weitere Rechnungen «wie gewöhnlich» durchführen.

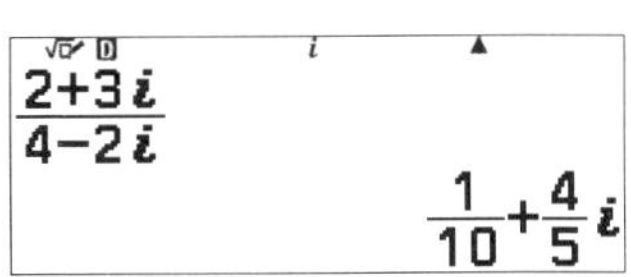

- Die unter [○○○] und Komplex angegebenen Befehle sind vor allem hilfreich, um Rechenergebnisse entsprechend umzuwandeln. Nutze dafür die [Ans]-Taste.

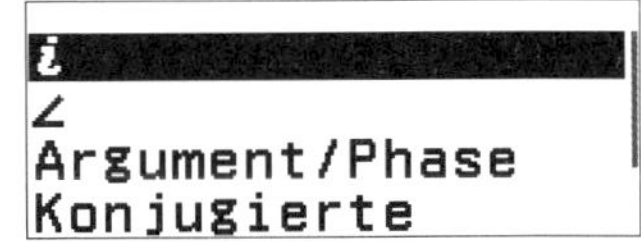

- Unter [SETTINGS] und kann im Eintrag Recheneinstell. und Komplexe Ergebn. gewählt werden, in welcher Form die Ergebnisse angezeigt werden.

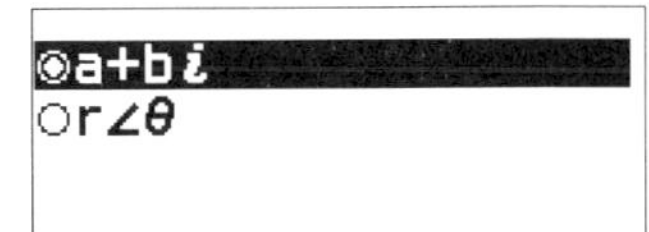

Übung

Addiere die beiden Zahlen $2 + \mathrm{i}$ und $1 + 7\mathrm{i}$ und gib das Ergebnis auch in Polarkoordinaten an.

10 Basis-N – Zahlensysteme

Mit dem Taschenrechner ist es möglich, Zahlen aus einem Zahlensystem in ein anderes umzuwandeln, oder in einem anderen Zahlensystem zu rechnen. Neben dem Dezimalsystem kann mit dem Hexadezimal-, dem Binär und dem Oktalsystem gerechnet werden.

Die Umwandlung und Berechnung findet im Basis-N-Modus statt, dieser wird unter [HOME] ausgewählt.

Beispiel

Oben wird das aktuelle Zahlensystem angezeigt, in dem die Eingabe erfolgt. Im Moment erfolgt die Eingabe im Dezimalsystem.

```
[Dezimal]

[FORMAT] drücken,
um Format zu änd.
```

Um die (Dezimal-) Zahl 17 ins Binärsystem umzuwandeln, gibst du sie zuerst ein und bestätigst mit [EXE].

```
[Dezimal]
17
                17
```

Nun kannst du mit [FORMAT] durch die verschiedenen Zahlensysteme wechseln

```
[Hexadezimal]
17
          00000011
```

Um zum nächsten System zu wechseln, nutzt du [FORMAT],

```
[Binär]
17
0000 0000 0000 0000
0000 0000 0001 0001
```

- Du kannst im jeweiligen System auch Berechnungen durchführen, rechts wird die Rechnung $10001 + 10 = 10011$ im Binärsystem ausgeführt.

```
[Binär]
0000 0000 0000 0000
0000 0000 0001 0001
Ans+10
```

- Das Ergebnis kann durch Tippen auf [FORMAT] in den anderen Zahlensystem dargestellt werden. Rechts wird das Ergebnis 10011 als Dezimalzahl dargestellt.

```
[Binär]
Ans+10
0000 0000 0000 0000
0000 0000 0001 0011
```

- Um eine Zahl in einem anderen System als dem Dezimalsystem einzugeben, wechselst du zuerst mit [FORMAT] in das entsprechende System.

```
[Binär]
111
0000 0000 0000 0000
0000 0000 0000 0111
```

- Bei Eingaben im Hexadezimalsystem wird die [SHIFT]-Taste für die Buchstaben benutzt.

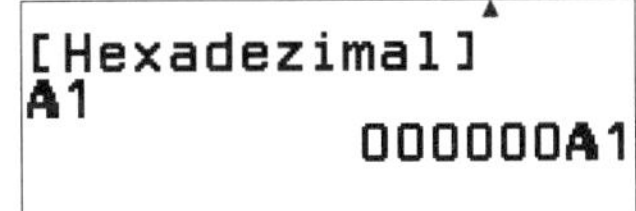

- Wie bei den Berechnungen im «normalen» Berechnungsfenster, kannst du [◄] wieder in die Eingabezeile der Berechnung zurückkehren.

Übungen

a) Wandle die (dezimale) Zahl 18 ins Hexadezimal-, Binär-, und Oktalsystem um.

b) Berechne:

I) 10011 + 110
im Binärsystem

II) 1A − 11
im Hexadezimalsystem

11 Matrizen

Der fx-991 DE CW rechnet mit Matrizen, die bis zu 4 Zeilen und 4 Spalten enthalten können. Matrizen mit 3 Zeilen und 3 Spalten nennt man 3×3-Matrizen.

Die Rechnungen mit Matrizen werden im Matrizenmodus MATRIX durchgeführt. Diesen rufst du unter [HOME] auf.

Dass du dich im Matrixmodus befindest, erkennst du an der Anzeige des Hinweises nach dem Tippen von [AC].

- Auch bei Matrizen gibt es einen Antwortspeicher, in dem das letzte Ergebnis abgelegt ist, er wird mit MatAns bezeichnet und kann im [CATALOG] unter Matrix aufgerufen werden
- Um eine Matrix zu definieren, zu bearbeiten oder Berechnungen durchzuführen, rufst du mit [ooo] das Matrixmenü auf.

Beispiel

Gesucht ist das Produkt der beiden Matrizen $A = \begin{pmatrix} 2 & 0 & 1 \\ 1 & 1 & 3 \\ 5 & 2 & 0 \end{pmatrix}$ und $B = \begin{pmatrix} 1 & 0 & 1 \\ 0 & 2 & 4 \\ 0 & 1 & 1 \end{pmatrix}$.

Du wechselst zuerst in den Matrizenmodus. Nun wählst du [ooo], um die Matrix A zu definieren.

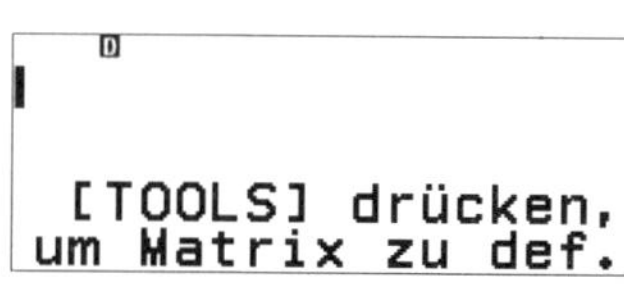

Im nächsten Schritt wählst du MatA aus und bestätigst mit[EXE].

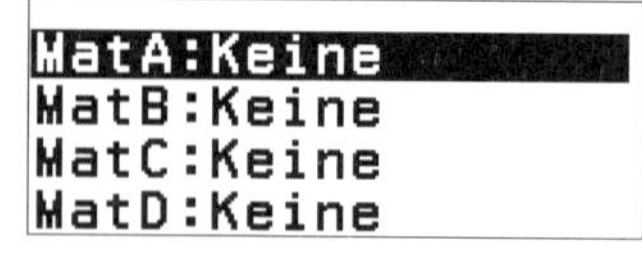

Da es sich um eine 3×3-Matrix handelt, wählst du dies bei Zeilen und Spalten jeweils aus.

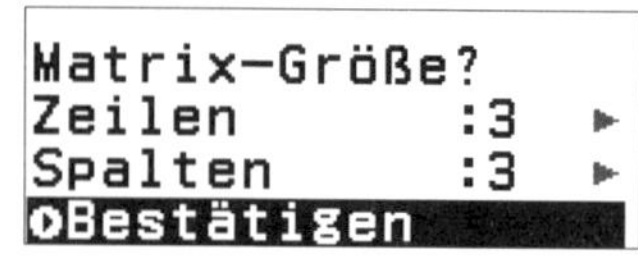

Nach dem du die Eingabe bestätigt hast, kannst du die Koeffizienten eingeben. Du bestätigst jeweils mit [EXE] und verlässt die Eingabe zum Schluss mit [↶].

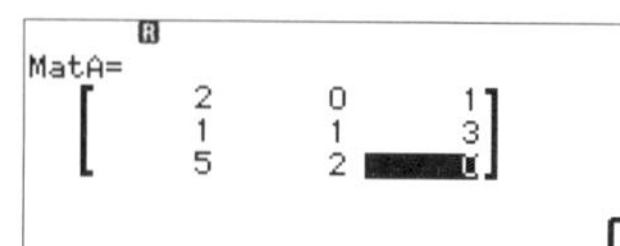

Nun kannst du wieder [○○○] nutzen, um die Matrix B einzugeben.

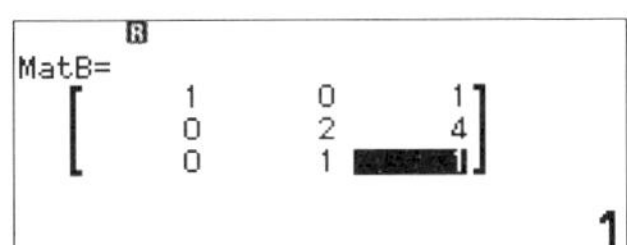

Du gehst analog vor, wie bei Matrix A. Zum Schluss verlässt die Eingabe mit [⮌].

Du bist nun wieder im Matrizen-Berechnungsfenster. Um Berechnungen durchzuführen, nutzt du [CATALOG] und Matrix.

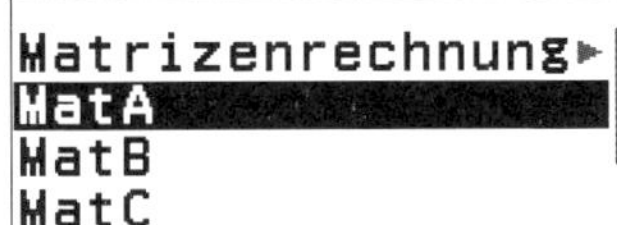

Nun kannst du die Matrix A auswählen. Du bestätigst mit [EXE].

Matrix B wird in gleicher Weise eingfügt.

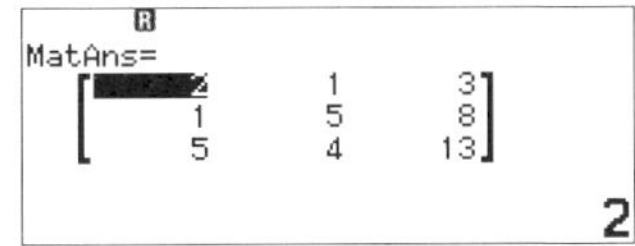

Nach Abschluss der Eingabe mit [EXE] wird die Ergebnismatrix angezeigt.

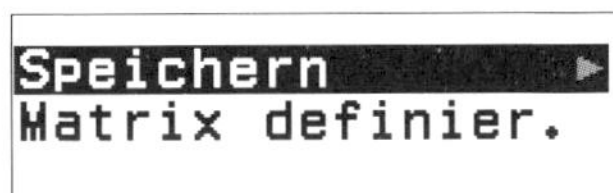

- Um das Ergebnis einer Berechnung als Matrix zu speichern, drückst du nach der Anzeige des Ergebnisses [○○○].

  Nun kannst du wählen, wie das Ergebnis gespeichert wird. Du bestätigst mit [EXE].

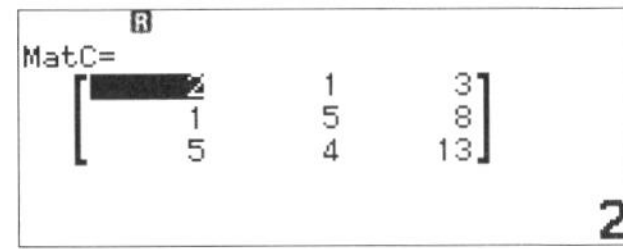

  Die gespeicherte Matrix wird nun angezeigt. Mit [⮌] wechselst du wieder in das Bereichnungsfenster

- Quadrate von Matrizen können mit der Taste [x^2] gebildet werden.
  Um höhere Potenzen zu berechnen, kannst du dir z.B. mit $A^4 = A^2 \cdot A^2$ behelfen.

MatA²

- Um eine inverse Matrix zu berechnen, benutzt du die Taste $^{S}\left[x^{-1}\right]$.

MatA⁻¹

Im Bildschirmfoto rechts ist A^{-1} dargestellt.
Bei dezimalen Einträgen in der Matrix wird der markierte Wert unten rechts als Bruch angezeigt.

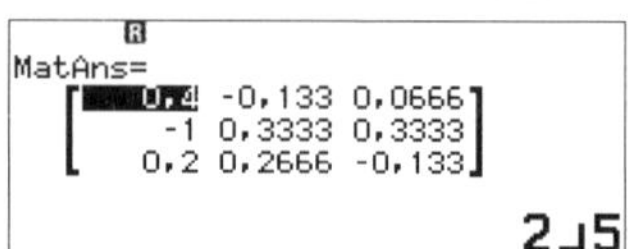

- Weitere Berechnung kannst du mit [CATALOG], Matrix und Matrizenrechnung aufrufen.

- Es stehen verschiedene Möglichkeiten zur Verfügung.

Matrix quadrieren
Matrix hoch drei
Inverse Matrix
Determinante

- Um eine Matrix mit einem Vektor zu multiplizieren, gibst du den Vektor als 2×1 bzw. 3×1 Matrix ein.

Übungen

a) Berechne das Produkt aus $A = \begin{pmatrix} 1 & 1 \\ 0 & 1 \end{pmatrix}$ und $B = \begin{pmatrix} 1 & 2 \\ 3 & 4 \end{pmatrix}$.

b) Berechne das Produkt aus $A = \begin{pmatrix} 1 & 0 & 1 \\ 0 & 1 & 3 \\ 0 & 2 & 2 \end{pmatrix}$ und $B = \begin{pmatrix} 1 & 0 & 1 \\ 1 & 2 & 0 \\ 2 & 0 & 1 \end{pmatrix}$.

c) Berechne die inverse Matrix von $A = \begin{pmatrix} 1 & 0 & 1 \\ 0 & 1 & 3 \\ 0 & 2 & 2 \end{pmatrix}$.

12 Vektoren

Der fx-991 DE CW kann auch mit Vektoren rechnen.

Viele Vektorberechnungen können zwar mit dem Gerät durchgeführt werden, manchmal kann es aber schneller gehen, die Berechnungen von Hand auszuführen, z.B. wenn es sich um skalare Multiplikationen handelt.

Die Vektorberechnung wird im Modusmenü mit Vektor aufgerufen.

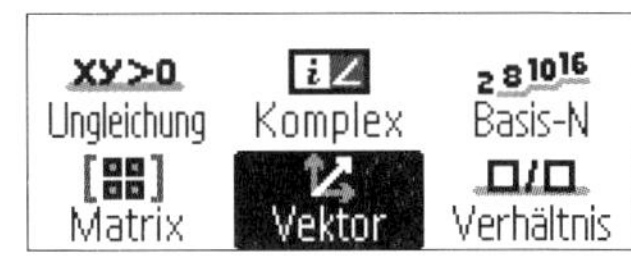

Dass du dich im Vektormodus befindest, erkennst du an der Anzeige des Hinweises nach dem Tippen von [AC].

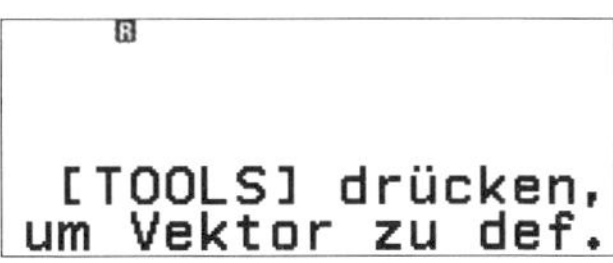

- Auch bei den Vektoren gibt es einen Antwortspeicher, in dem das letzte Ergebnis abgelegt ist, er wird mit VctAns bezeichnet und kann im [CATALOG] unter Vektor aufgerufen werden.
- Um einen Vektor zu definieren, zu bearbeiten oder Berechnungen durchzuführen, rufst du mit [∘∘∘] das Vektormenü auf.

12.1 Addition, Subtraktion, Betrag

Wenn Vektoren eingegeben sind, können diese anschließend mit [CATALOG] und Vektor eingefügt werden. Die Vektoren können dann z.B. addiert oder subtrahiert werden.

Beispiele

Es sind die beiden Vektoren $\vec{a} = \begin{pmatrix} 1 \\ 2 \\ -3 \end{pmatrix}$ und $\vec{b} = \begin{pmatrix} 0 \\ 1 \\ 2 \end{pmatrix}$ gegeben. Gesucht sind die Summe $\vec{a} + \vec{b}$ und die Differenz $\vec{a} - \vec{b}$.

Du wechselst zuerst in den Vektormodus. Nun wählst du [∘∘∘], um den Vektor $\vec{a}$ zu definieren.

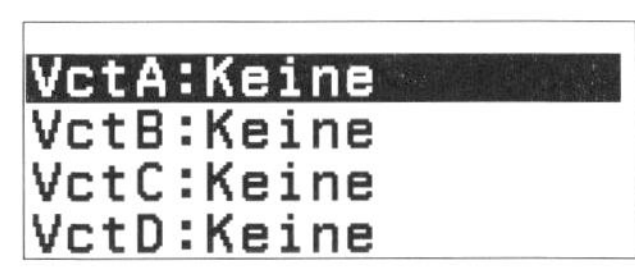

Im nächsten Schritt wählst du VctA aus und bestätigst mit[EXE].

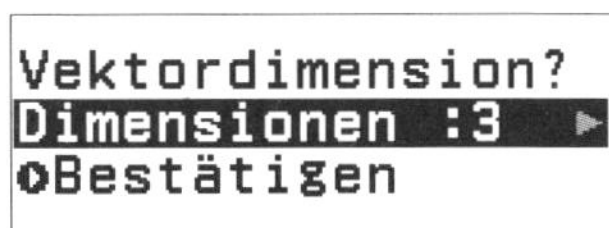

Da es sich um einen dreidimensionalen Vektor handelt, wählst du 3 – dimensional.

Nach dem du die Eingabe bestätigt hast, kannst du die Koeffizienten eingeben. Du bestätigst jeweils mit [EXE] und verlässt die Eingabe zum Schluss mit [⮌].

Nun kannst du wieder [ooo] nutzen, um Vektor $\vec{b}$ einzugeben.

Du gehst analog vor, wie bei Vektor $\vec{a}$. Zum Schluss verlässt die Eingabe mit [⮌].

Du bist nun wieder im Vektor-Berechnungsfenster. Um Berechnungen durchzuführen, nutzt du [CATALOG] und Vektor.

Nun kannst du Vektor $\vec{a}$ auswählen. Du bestätigst mit [EXE].

Vektor $\vec{b}$ wird in der gleichen Weise eingefügt.

Nach Abschluss der Eingabe mit [EXE] wird das Ergebnis der Vektoraddition angezeigt.

Mit [⮌] kannst du wieder zur Eingabe wechseln, um die nächste Berechnung durchzuführen.

Du nutzt [◄] um die Berechnung anzupassen und schließt die Engabe mit [EXE] ab.

Das Ergebnis der Subtraktion wird angezeigt.

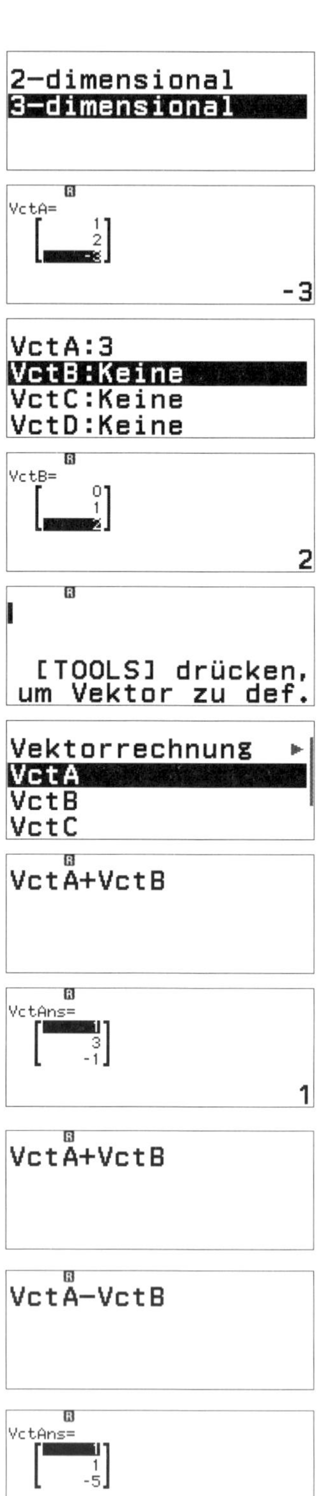

- Um den Betrag eines Vektors zu berechnen, rufst du unter [CATALOG] und Num. Berechung die Funktion Absolutwert auf.

  Nun fügst du den Vektor ein mit [CATALOG] und Vektor und startest die Berechnung mit [EXE]. Der Betrag wird angezeigt.

```
Abs(VctA)
        3,741657387
```

- Der Ergebnisspeicher im Vektor-Modus wird mit VctAns bezeichnet. Er wird automatisch eingefügt, wenn du nach der Berechnung eines Vektors eine Operationstaste drückst.

```
VctAns+
```

- Den Vektorantwortspeicher VctAns rufst du auf mit [CATALOG] und Vektor. Nutze [▼] um zum entsprechenden Eintrag zu gelangen.

```
VctB
VctC
VctD
VctAns
```

- Um die vorherigen Eingaben aufzurufen, musst du erst das angezeigte Ergebnis mit [AC] löschen, anschließend benutzt du [◄].

Übungen

Gegeben sind: $\vec{a} = \begin{pmatrix} 1 \\ 1 \\ -3 \end{pmatrix}$ und $\vec{b} = \begin{pmatrix} 7 \\ 1 \\ 3 \end{pmatrix}$. Berechne

a) $\vec{a}+\vec{b}$ b) $\vec{a}-\vec{b}$ c) $2\vec{a}+3\vec{b}$

d) $|\vec{a}|$ e) $|\vec{a}+\vec{b}|$

12.2 Skalarprodukt, Kreuzprodukt, Winkelberechnungen

Es ist auch möglich, das Skalarprodukt und das Kreuzprodukt von zwei Vektoren zu berechnen. Dabei wird über die Taste $[\times]$ das Kreuzprodukt aufgerufen. Das Skalarprodukt wird über [CATALOG], Vektor, Vektorrechnung, Skalarprodukt aufgerufen.

Beispiele

Es sind die beiden Vektoren $\vec{a} = \begin{pmatrix} 1 \\ 2 \\ -3 \end{pmatrix}$ und $\vec{b} = \begin{pmatrix} 0 \\ 1 \\ 2 \end{pmatrix}$ gegeben. Diese werden wie im vorangegangenen Kapitel eingegeben.

Um das Skalarprodukt $\vec{a} \cdot \vec{b}$ zu berechnen, fügst du zuerst den Vektor $\vec{a}$ mit [CATALOG] und Vektor ein.

Das Skalarprodukt fügst du nun über [CATALOG], Vektor, Vektorrechnung, Skalarprodukt ein.

Anschließend fügst du Vektor $\vec{b}$ ein. Wenn du die Eingabe mit [EXE] abschließt, wird das Ergebnis direkt angezeigt. Es ist also $\vec{a} \cdot \vec{b} = -4$.

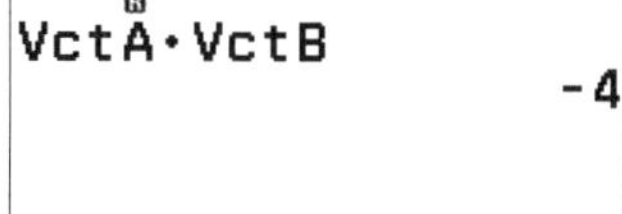

Es soll das Kreuzprodukt $\vec{a} \times \vec{b}$ berechnet werden. Dies geht direkt mit der Taste $[\times]$.

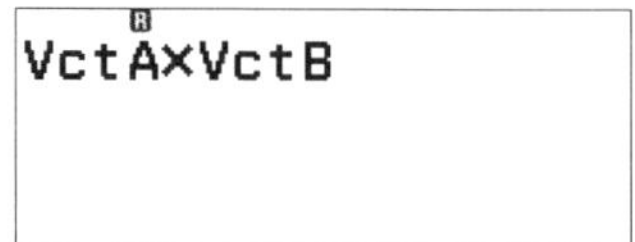

Nach der Bestätigung mit [EXE] wird das Ergebnis angezeigt. Es ist also $\vec{a} \times \vec{b} = \begin{pmatrix} 7 \\ -2 \\ 1 \end{pmatrix}$

Auch der Winkel zwischen den zwei Vektoren $\vec{a}$ und $\vec{b}$ kann mit Hilfe des Befehls Winkel besgerechnet werden: Es gilt für den Winkel α zwischen den zwei Vektoren $\vec{a}$ und $\vec{b}$:

$$\cos\alpha = \frac{\vec{a} \cdot \vec{b}}{|\vec{a}| \cdot |\vec{b}|}$$

Du rufst den Winkelbefehl auf mit [CATALOG], Vektor, Vektorrechnung und Winkel. Nun gibst du die beiden Vektoren ein, getrennt durch ^{S} [;].

Skalarprodukt
Kreuzprodukt
Winkel
Einheitsvektor

Du startest die Berechnung mit [EXE]. Der Winkel wird angezeigt. Es ist also $\alpha \approx 118{,}56°$. (Winkeleinstellungen beachten!)

```
Angle(VctA;VctB)
         118,5608252
```

Um einen Vektor zu normieren, benutzt du Einheitsvektor. Du rufst den Befehl auf mit [CATALOG], Vektor, Vektorrechnung und Einheitsvektor und fügst anschließend den gewünschten Vektor ein.

```
UnitV(VctA)
```

Der normierte Vektor $\vec{a}$ ist also $\vec{a} \approx \begin{pmatrix} 0{,}27 \\ 0{,}53 \\ -0{,}8 \end{pmatrix}$

```
VctAns=
[0,2672]
[0,5345]
[-0,801]
        0,2672612419
```

Übungen

Gegeben sind: $\vec{a} = \begin{pmatrix} 1 \\ 1 \\ -3 \end{pmatrix}$ und $\vec{b} = \begin{pmatrix} 7 \\ 1 \\ 3 \end{pmatrix}$.

a) Berechne $\vec{a} \cdot \vec{b}$.

b) Berechne $\vec{a} \times \vec{b}$.

c) Berechne den Winkel zwischen $\vec{a}$ und $\vec{b}$.

d) Berechne $\frac{\vec{a}}{|\vec{a}|}$, d.h. den normierten Vektor von $\vec{a}$.

13 Verhältnis

Mit dieser Funktion kannst du eine Verhältnisgleichung direkt lösen.

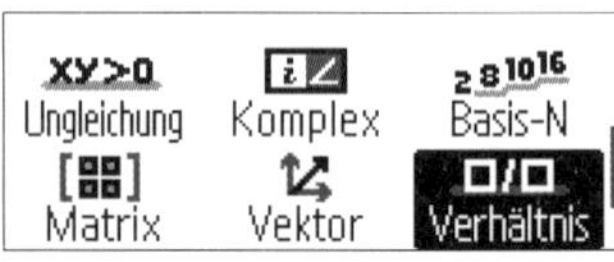

Es kann der Wert der Variablen x in den folgenden beiden Gleichungstypen bestimmt werden:

$$\frac{\text{A}}{\text{B}} = \frac{x}{\text{D}} \quad \text{und} \quad \frac{\text{A}}{\text{B}} = \frac{\text{C}}{x}$$

Die Werte für A, B und C bzw. A, B und D müssen hierbei bekannt sein.

Beispiel

Es ist die folgende Gleichung gegeben: $\frac{4,5}{3} = \frac{x}{7}$. Bestimme x

Da sich x im Zähler befindet, ist die obere der beiden Funktionen diejenige, die benutzt wird. Wähle sie aus mit [EXE].

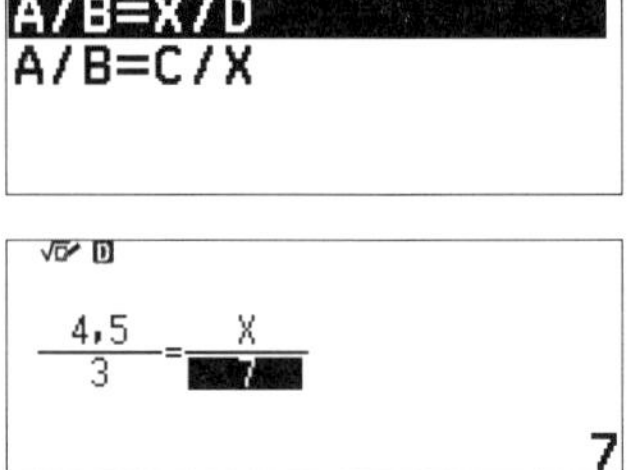

Nun kannst du die Werte der Gleichung eingeben und schließt die Eingabe jeweils mit [EXE] ab.

Nutze [FORMAT], um das Ergebnis als Dezimalzahl anzuzeigen, oder nutze statt [EXE] die Taste $^{\text{S}}[\approx]$ um das Ergebnis dezimal anzeigen zu lassen.

X= $\frac{21}{2}$

Übungen

a) Gegeben ist die Gleichung $\frac{75}{3,1} = \frac{x}{7}$. Berechne x.

b) Gegeben ist die Gleichung $\frac{3,5}{9} = \frac{3}{x}$. Berechne x.

14 Die Mathebox

In der Mathebox stehen dir weitere Werkzeuge zur Verfügung.

14.1 Würfelwurf

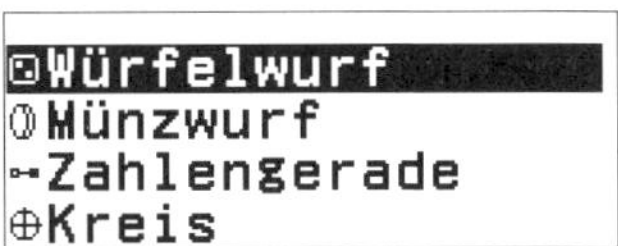

Du wählst zwischen Würfelwurf und bestätigst mit [EXE].

Beispiel

Es soll das 12 malige Werfen mit einem Würfel simuliert werden.

In Würfelwurf kannst du die vorgegebenen Werte auswählen.

Passe die Anzahl der Würfe unter Versuche an und bestätige anschließend mit [EXE].

Zum Schluss bestätigst du mit Ausführen.

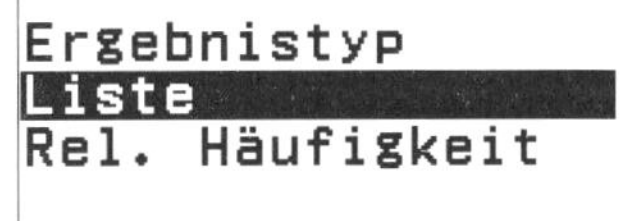

Nun kannst du zunächst auswählen, in welcher Form das Ergebnis angezeigt werden soll.

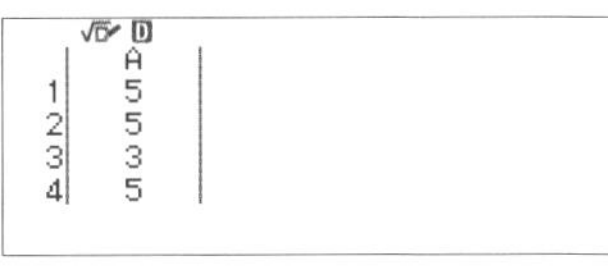

Liste zeigt die Werte als Ergebnisliste in der Reihenfolge der Würfe an.

Rel. Häufigkeit zeigt in der ersten Spalte die jeweilige Augenzahl, in der zweiten Spalte steht die absolute Häufigkeit, in der dritten Spalte die relative Häufigkeit.

Übung

Zwei Würfel werden 30 mal geworfen. Welche relative Wahrscheinlichkeit erhältst du für die Summe 7?

14.2 Münzwurf

Du wählst Münzwurf und bestätigst mit [EXE].

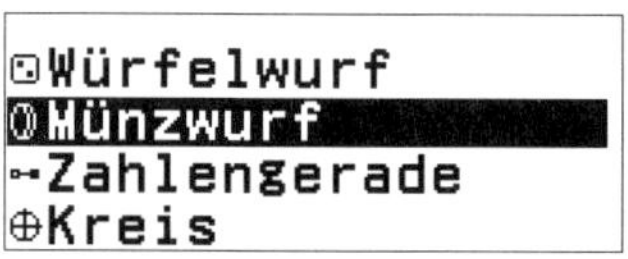

Beispiel

Es soll das 10 malige Werfen mit zwei Münzen simuliert werden.

In Münzwurf kannst du die vorgegebenen Werte auswählen, nutze dazu [EXE] oder [►]

Passe die Anzahl der Münzen und die Anzahl der Versuche an und bestätige anschließend mit [EXE] und Ausführen.

In der Liste werden die beiden Münzen mit A und B, die Seiten mit ○ und ● bezeichnet und in der rechten Spalte die Häufigkeit für ● angezeigt.

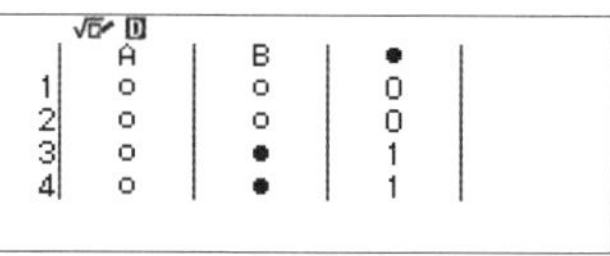

Rel. Häufigkeit zeigt links die verschiedenen Ausfälle an, in der mittleren Spalte, wie oft ● geworfen wurde und in der rechten Spalte die relative Häufigkeit.

- Im Ergebnisfenster bei Rel. Häufigkeit steht in der ersten Spalte immer Sum., auch wenn nur das Werfen mit einem Würfel simuliert wurde.
- Bei mehreren Würfen kannst du sowohl die Summe, als auch die Differenz berechnen.
- Wenn Gleiches Erg aktiviert ist, zeigen mehrere Rechner das gleiche Ergebnis, wenn die gleiche Anzahl der Würfel bzw. Münzen und die gleiche Anzahl der Würfe aktiviert ist. Dies ist hilfreich, wenn mehrere Geräte gleichzeitig benutzt werden, z.B. im Unterricht.

Übung

Zwei Münzen werden 120 mal geworfen. Welche relative Wahrscheinlichkeit erhältst du für die Summe 2?

14.3 Zahlengerade

Mit dieser Funktion kannst du Intervalle, die durch Gleichungen bzw. Ungleichungen beschrieben werden, auf der Zahlengerade anzeigen lassen.

Beispiel

Es sollen die die folgenden Ungleichungen/ Intervalle auf der Zahlengerade dargestellt werden: $x \leqslant 1$, $x > 1$ und $1 < x < 3$.

Du wählst Zahlengerade und bestätigst mit [EXE]. Es werden drei mögliche Eingabezeilen angezeigt.

A:
B:
C:
Ausführen

Du wählst A: und bestätigst mit [EXE]. Nun werden verschiedene Ungleichungen/Gleichungen angezeigt, du wählst $x \leqslant a$ und bestätigst mit [EXE].

x<a
x≤a
x=a
x>a

Nun kannst du den Wert für a festlegen. Im Beispiel wird 1 gewählt. Bestätige zwei Mal mit [EXE].

x≤a
a:1
Bestätigen

In der Übersichtsseite ist nun B: markiert. Auch hier wählst du in gleicher Weise eine Gleichung aus.

A:x≤1
B:
C:
Ausführen

Du verfährst in der gleichen Weise für C: Nun sind alle drei Ausdrücke eingegeben und du bestätigst In Ausführen mit [EXE].

A:x≤1
B:x>−1
C:1<x<3
Ausführen

Die Zahlengeraden werden nun dargestellt.

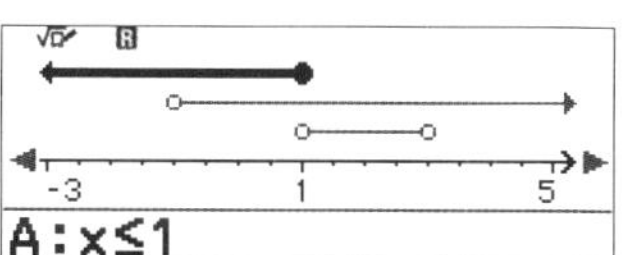

Das ausgewählte Element ist fett dargestellt, du kannst mit [▼] und [▲] navigieren.

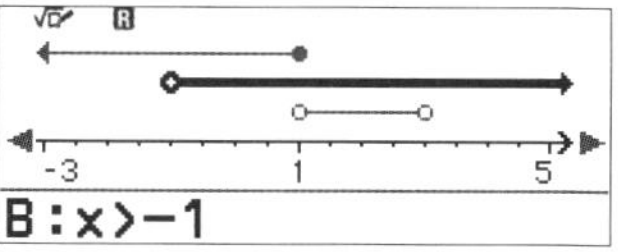

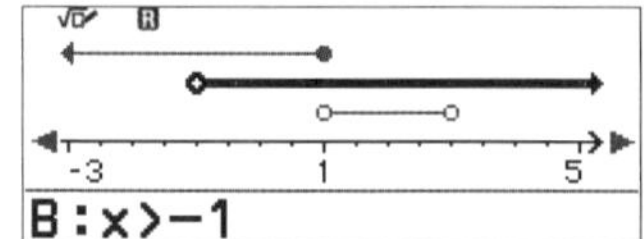

- Wenn die Kreise am Ende der Linie gefüllt sind, bedeutet dass, dass sie noch zum Intervall gehören, sind sie leer, gehören sie nicht dazu.

- Mit [○○○] gelangst du zu den Einstellungen des Einstellfensters.

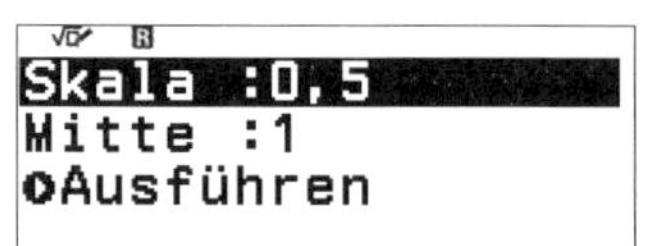

- Es kann sowohl die Skala, als auch der Mittelpunkt gewählt werden.

- Wenn in der Übersicht eine Zeile markiert ist, kannst du mit [▶] oder [EXE] die einzelnen Zeilen bearbeiten.

  Dabei ist es möglich, sie zu nachträglich zu bearbeiten, oder neu zu definieren.

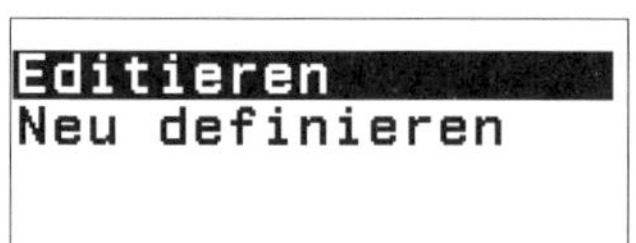

Übung

Stelle die Ausdrücke $x \geqslant -2$, $x < 1$ und $2 \leqslant x < 3$ auf der Zahlengerade dar.

14.4 Kreis

Mit diesem Werkzeug kann mit Winkeln und trigonometrischen Funktionen gearbeitet werden.

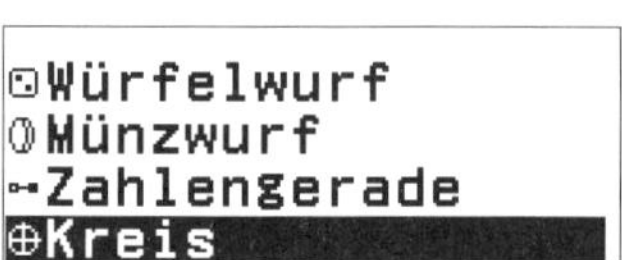

Beispiel

Nach dem Bestätigen mit [EXE] wird die Übersichtsseite angezeigt. Standardmäßig wird der Einheitskreis angezeigt.

Vorher solltest du prüfen, ob die Winkelart unter SETTINGS wie gewünscht gewählt ist (Hier ist Gradmaß (D) gewählt)

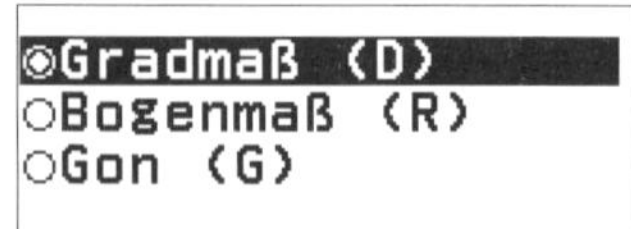

Du wählst einen oder zwei Winkelwerte und gibst sie ein. Hier wurden 45° und 30° gewählt. Bestätige mit [EXE].

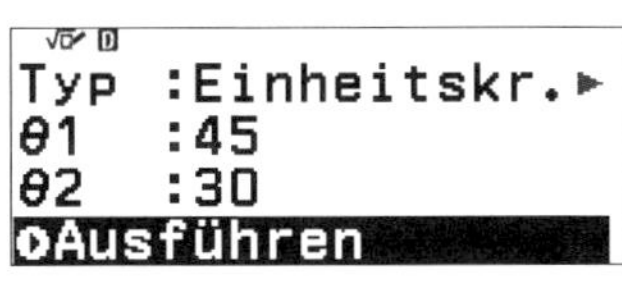

Nun werden die beiden Winkel und die jeweiligen trigonometrischen Werte angezeigt.

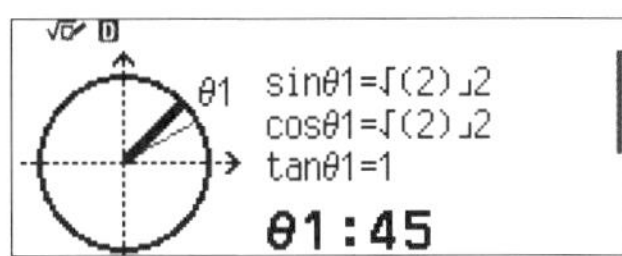

Das ausgewählte Element ist fett dargestellt, du kannst mit [▼] und [▲] navigieren.

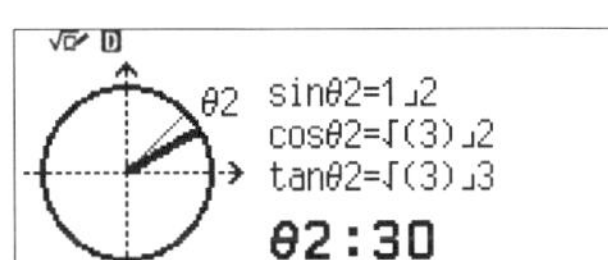

- In der Übersicht können Einheitskr., Halbkreis oder Uhr gewählt werden.

- Rechts sind die gleichen Winkel wie im Beispiel in der Darstellung Halbkreis angezeigt.

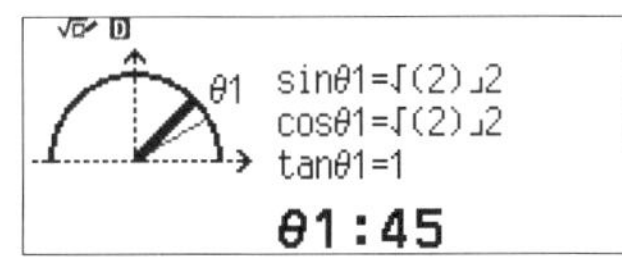

- Die Funktion Uhr zeigt den Innen- und Außenwinkel zwischen dem kleinen und großen Zeiger an. Nutze [▼] und [▲] zum ändern der Werte.

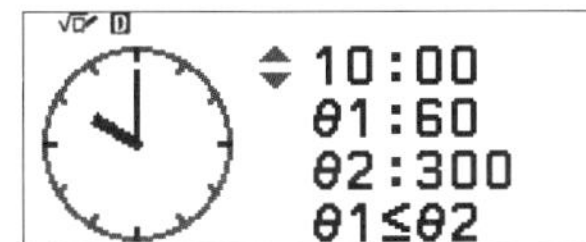

Übungen

a) Stelle die Winkel $\theta 1 = 60^\circ$ und $\theta 2 = 130^\circ$ im Einheits- und Halbkreis dar.

b) Lasse die Winkel anzeigen, die zwischen den beiden Uhrzeigern bestehen, wenn es 7:00 ist.

15 Funktionen im CATALOG

Viele Taschenrechnerfunktionen finden sich im Katalog, der mit [CATALOG] im Berechnungsfenster aufgerufen wird.

Funktionsanalyse ▸
Wahrscheinlichk. ▸
Num. Berechnung ▸
Winkel/Koord/60S ▸

15.1 Funktionsanalyse

15.1.1 Ableitungswerte berechnen

Mit Hilfe des fx-991 DE X ist es möglich, die Werte der Ableitung an einer bestimmten Stelle der Funktion zu berechnen.

Ableitung(d/dx)
Integration(∫)
Summation(Σ)
Produkt(Π)

Beispiel

Gesucht ist der Wert der Ableitung der Funktion $f(x) = 0,2 \cdot x^2$ an der Stelle $x = 3,3$.

Zuerst rufst du bei Funktionsanalyse mit Ableitung die Ableitungsberechnung auf und gibst die Funktion und den Wert ein.

$\frac{d}{dx}(0,2x^2)|_{x=3,3}$

Mit der Taste [EXE] wird die Berechnung gestartet. Das Ergebnis wird als Bruch angezeigt.

$\frac{d}{dx}(0,2x^2)|_{x=3,3}$

$\frac{33}{25}$

Um das Ergebnis dezimal anzeigen zu lassen, benutzt du [FORMAT].

$\frac{d}{dx}(0,2x^2)|_{x=3,3}$

1,32

- Wenn du Berechnungen an trigonometrischen Funktionen durchführst, ist es wichtig, dass der Taschenrechner auf Rad gestellt ist, siehe Seite 123.

Übungen

Berechne die folgenden Ableitungswerte:

a) $f(x) = 2x^2 + 3x$ für $x = 3$

b) $f(x) = e^x - x$ für $x = 2$

15.1.2 Integralberechnung

Mit Hilfe des fx-991 DE CW ist es möglich, bestimmte Integrale – das sind Integrale mit fester unterer und oberer Grenze – zu lösen.

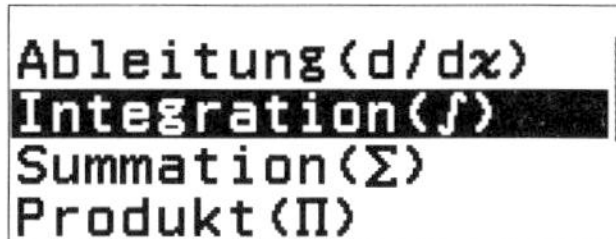

Beispiel

Gesucht ist das Integral der Funktion $f(x) = 0,25 \cdot x^2$ im Intervall $[3;\ 5]$.

Du rufst bei Funktionsanalyse mit Integration die Integralberechnung auf und gibst die Funktion und den Wert ein. [ooo] [EXE] [↶]. [FORMAT]

$\int_3^5 0,25x^2\,dx$

Mit der Taste [EXE] wird die Berechnung gestartet. Das Ergebnis wird als Bruch angezeigt. [ooo] [EXE] [↶].

$\int_3^5 0,25x^2\,dx$

$\frac{49}{6}$

Um das Ergebnis dezimal anzeigen zu lassen, benutzt du [FORMAT].

$\int_3^5 0,25x^2\,dx$

8,166666667

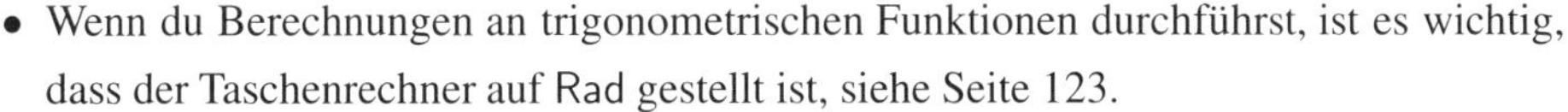

- Bei Flächenberechnungen ist es wichtig, die Flächen unter und über der x-Achse getrennt zu integrieren, da diese unterschiedliche Vorzeichen besitzen. Daher solltest du den Funktionsgraph und die Nullstellen kennen.
- Wenn du Berechnungen an trigonometrischen Funktionen durchführst, ist es wichtig, dass der Taschenrechner auf Rad gestellt ist, siehe Seite 123.

Übungen

Berechne die folgenden Integrale:

a) $\int_1^5 \left(x^2 - x\right)^2 dx$ b) $\int_{-1}^2 (x-1) \cdot e^x\,dx$

15.1.3 Summation

Die Summationsfunktion findest du unter Funktionsanalyse.

Ableitung(d/dx)
Integration(∫)
Summation(Σ)
Produkt(Π)

Mit der Summationsfunktion können Summen berechnet werden.

Beispiel

Es soll die Summe $\sum_{1}^{5} x^2$ berechnet werden.

Du gibst die untere Grenze, die obere Grenze und die Formel ein, nutze [x]. Die Berechnung wird zum Schluss mit [EXE] gestartet.

$\sum_{x=1}^{5}(x^2)$

55

Übung

Berechne die Summe der natürlichen Zahlen von 1 bis 10.

15.1.4 Produkt

Die Produktfunktion findest du unter Funktionsanalyse.

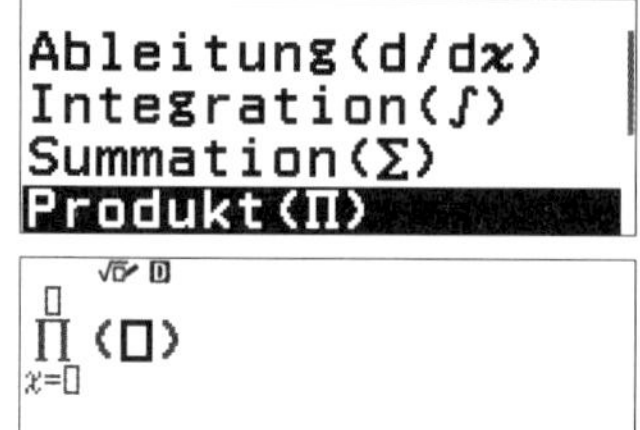

Mit der Produktfunktion kannst du Produkte berechnen.

Beispiel

Es soll das Produkt $\prod_{1}^{5} x^2$ berechnet werden.

Du gibst die untere Grenze, die obere Grenze und die Formel ein, nutze [x]. Die Berechnung wird zum Schluss mit [EXE] gestartet.

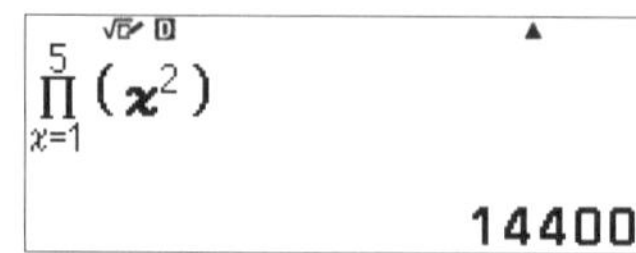

Übung

Berechne das Produkt der natürlichen Zahlen von 1 bis 10.

15.1.5 Rechnen mit Rest

Um den Rest bei einer Division zu bestimmen, wird die Funktion ÷R verwendet. Diese wird mit der Taste [CATALOG] und dann Funktionsanalyse aufgerufen

Summation(Σ)
Produkt(Π)
Rechnen mit Rest
Logarith.(logab)

Beispiel

Es soll der Quotient und der Rest der Division von 25 : 8 bestimmt werden.

Du gibst 25 ein, gefolgt von ÷R und dann 8. Anschließend tippst du [EXE]. Das Ergebnis wird angezeigt, es ist «3 Rest 1»

Übungen

Bestimme den Quotienten und den Rest von

a) 85 : 7 b) 103 : 6

15.1.6 Logarithmusfunktionen

Der Taschenrechner hat drei verschiedene Logarithmusfunktionen eingebaut:

- Eine allgemeine Logarithmusfunktion zur Berechnung von $\log_b a$, diese wird aufgerufen mit [log■□]
- Eine Funktion des Logarithmus zur Basis von e (Natürlicher Logarithmus). S [ln]
- Eine Funktion des Logarithmus zur Basis 10:S [log]

Alle Logarithmusfunktionen können auch mit [CATALOG] und Funktionsanalyse aufgerufen werden.

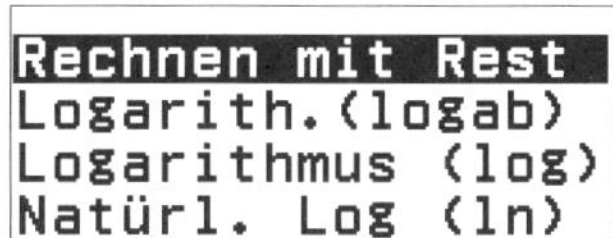

Übungen

Bestimme die folgenden Logarithmen

a) $\log_3 243$ b) $\log 123$, c) $\ln 25$

15.2 Wahrscheinlichkeit

15.2.1 Prozent, Fakultät und Binomialkoeffizient

Die Prozentfunktion wird unter [CATALOG] und Wahrscheinlichk. aufgerufen.

Auch das Fakultätszeichen wird unter [CATALOG] und Wahrscheinlichk. aufgerufen.

Der Permutationsfunktion wird im [CATALOG] und Wahrscheinlichk. mit Permutation aufgerufen. Dabei gilt n**P**r $= \frac{n!}{(n-r)!}$.

Im Beispiel rechts wurde 4**P**3 $= \frac{4!}{(4-3)!} = \frac{24}{1} = 24$ berechnet.

Der Binomialkoeffizient wird im [CATALOG] und Wahrscheinlichk. mit Kombination aufgerufen. Dabei muss die «obere» Zahl vor dem **C** stehen, die «untere» dahinter.

Im Beispiel rechts wurde $\binom{5}{2} = 10$ berechnet.

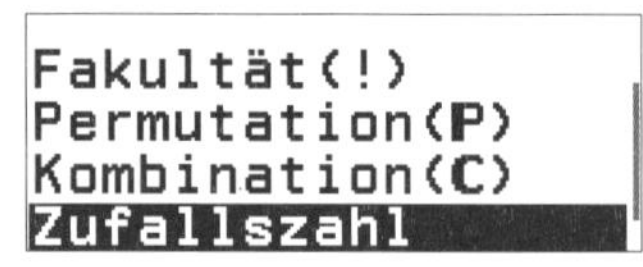

15.2.2 Zufallszahlen

Es ist möglich, mit dem Taschenrechner Zufallszahlen zu erzeugen. Dazu werden die Funktionen Zufallszahl für Zufallszahlen bzw. Ganz. Zufallszahl zum Erzeugen von ganzzahligen Zufallszahlen benutzt. Bei der Funktion für ganzzahlige Zufallszahlen RanInt# werden die untere und die obere Grenze der erzeugten Zufahlszahl getrennt durch ^{S}[;] eingegeben.

Beispiel

Um eine Zufallszahl zu erzeugen, tippst du zuerst [CATALOG], wählst dann Wahrscheinlichk. und anschließend Zufallszahl. Du bestätigst mit [EXE].

Nun wird die Funktion zum Erzeugen einer Zufallszahl Ran# angezeigt. Bestätige ein weiteres Mal und die Zufallszahl wird angezeigt.

Ran#
73/125

Um eine ganzzahlige Zufallszahl zu erzeugen, nutzt du [CATALOG], dann Wahrscheinlichk., tippst auf [▼] und wählst Ganz. Zufallszahl.

Permutation(P)
Kombination(C)
Zufallszahl
Ganz. Zufallszahl

Anschließend gibst die untere und die obere Grenze für die Zufallszahl ein, getrennt durch ^{S}[;]. Rechts wird eine Zufallszahl zwischen 1 und 6 angezeigt.

- Die Zufallszahlenfunktion wird mit der Taste [AC] verlassen.
- Um eine Zufallszahl als Dezimalzahl anzuzeigen, nutzt du statt [EXE] die Taste ^{S}[$\approx$]. Alternativ kannst du da Ergebnis auch mit [FORMAT] umwandeln.

Ran#
0,584

15.3 Numerische Berechnung

Der Taschenrechner kann mit [Num. Berechnung] auch verschiedene numerische Berechnungen ausführen.

Um den größten gemeinsamen Teiler zu berechnen, benutzt du [ggT] und gibst die beiden Zahlen ein, getrennt durch ^{S}[;]. Schließe die Eingabe ab mit [EXE].

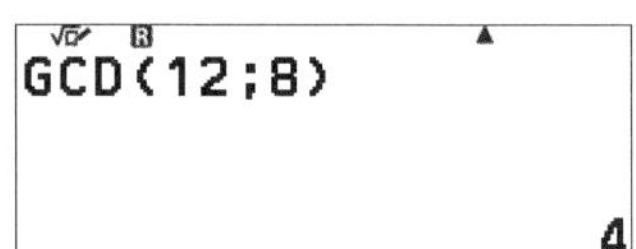

Um das kleinste gemeinsame Vielfache zu berechnen, benutzt du [kgV] und gibst die beiden Zahlen ein, getrennt durch ^{S}[;]. Schließe die Eingabe ab mit [EXE].

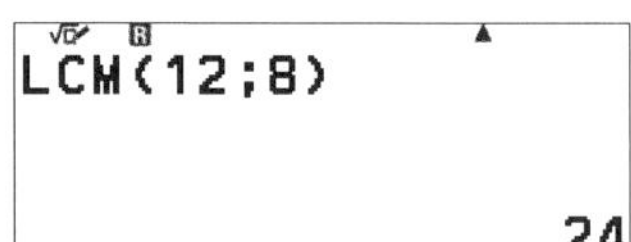

Absolutwert gibt den Betrag des Ergebnisses an.

Periodendarstell. erlaubt es, eine Periodenzahl einzugeben. Im Beispiel rechts wurde $0,\bar{3}$ eingegeben.

Ganzzahl gibt nur die entsprechenden ganzzahligen Anteil aus.

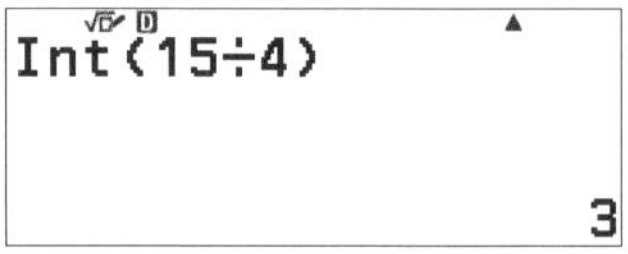

Int(15÷4)
3

Rundung: Diese Funktion kommt nur zum Tragen, wenn der Rechner sich im Fix-Modus befindet und sorgt dafür, dass das Gerät auch intern mit gerundeten Werten arbeitet.

Rnd(

Größte Ganzzahl bestimmt die größte ganze Zahl, die den eingegebenen Wert nicht überschreitet.

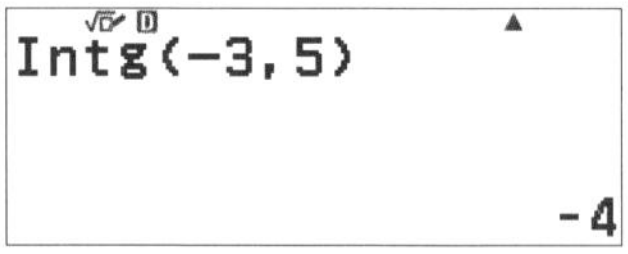

Intg(−3,5)
−4

Mit Internes Runden kann eine Dezimalzahl auf eine vorgegebene Anzahl von Kommastellen gerundet werden. Diese wird nach der Zahl, getrennt durch ^{S}[;] eingegeben.

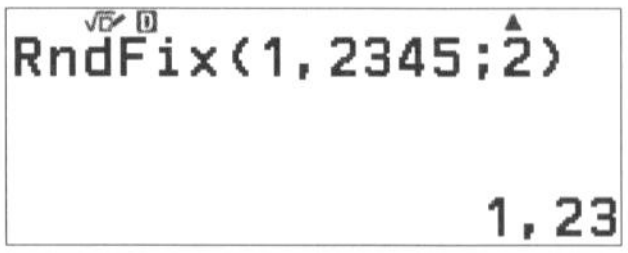

RndFix(1,2345;2)
1,23

15.4 Winkel/ Koord/ 60S

Mithilfe dieser Funktion können Winkelwerte umgerechnet werden. Dabei wird das Ergebnis immer in der Form angezeigt, die oben im Display angezeigt wird.

15.4.1 Umrechnung von Winkelwerten

Beispiel 1

Oben im Display wird D angezeigt, du bist also in der «Grad»-Einstellung. Du gibst zunächst $^{S}[\pi]$ ein.

Nun wählst du mit [CATALOG] und Winkel/Koord/60S den Eintrag Bogenmaß

Du bestätigst zwei Mal mit [EXE]. Es wird 180 angezeigt, da der Wert von π im Bogenmaß dem Wert von $180°$ entspricht.

Beispiel 2

Oben wird R angezeigt, du bist also in der «Bogenmaß»-Einstellung. Gib 270 ein und füge mit [CATALOG] das Grad-Zeichen ein, bestätige mit [EXE].

Nach der zweiten Bestätigung mit [EXE] wird $\frac{3}{2}\pi$ angezeigt.

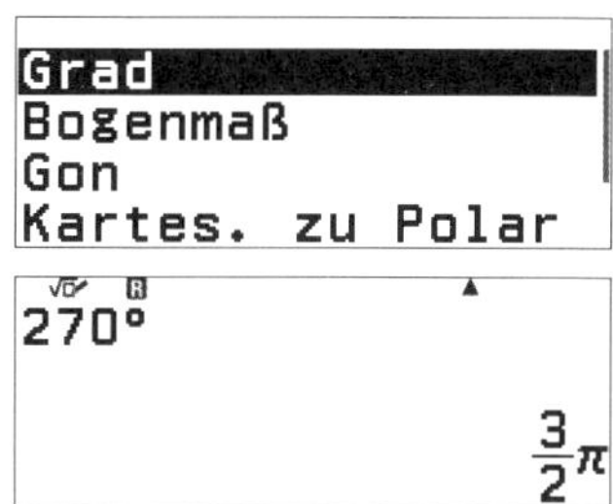

15.4.2 Die Umwandlung von Dezimal in Minuten und Sekunden

Wenn du nur das Grad-Zeichen einfügen willst, geht das mit $^{S}[°\,'\,'']$, also erst die [SHIFT]-Taste und dann [+] meist schneller, als es in den Menüs zu suchen.

Grad Min. Sek. erlaubt Umrechnungen von Dezimalwerten in Grad. Die Umwandlung kann aber auch über [FORMAT] oder erfolgen. Zuerst wird der Wert eingegeben.

Nun fügst du mit [CATALOG] und Grad Min. Sek. das Grad-Zeichen hinzu.

Gon
Kartes. zu Polar
Polar zu Kartes.
Grad Min. Sek.

Nach dem Bestätigen mit [EXE] wird der Wert entsprechend umgewandelt angezeigt.

2,5°
2°30'0"

Wenn du einen Gradwert in einen Dezimalwert umrechnen willst, gibst du ihn ein, dabei nutzt du S[°’”] und schließt die Eingabe mit [EXE] ab.

2°45°
2°45'0"

Nun nutzt du [FORMAT] und Dezimal, um das Ergebnis als Dezimalzahl darzustellen.

2°45°
2,75

Auch Zeitendifferenzen können so berechnet werden, rechts wurde berechnet, wie viel Zeit zwischen 13:05 und 14:51:20 vergangen ist.

14°51°20°−13°05°
1°46'20"

15.4.3 Kartes. zu Polar bzw. Polar zu Kartes.

Diese Funktion wandelt kartesische Koordinaten in Polarkoordinaten um

Grad
Bogenmaß
Gon
Kartes. zu Polar

Dabei wandelt der Pol-Befehl kartesiche Koordinaten in Polarkoordinaten um.

Pol(3;4)
r=5;θ=53,13010235

Es können umgekehrt auch Polarkoordinaten in kartesische Koordinaten umgewandelt werden.

Bogenmaß
Gon
Kartes. zu Polar
Polar zu Kartes.

Der Rec-Befehl wiederum wandelt Polarkoordinaten in kartesiche Koordinaten um.

Rec(√2;45)
x=1;y=1

15.5 Hyperbol./Trig

Im Menüpunkt Hyperbol./Trig kann auf die hyperbolischen und trigonometrischen Funktionen zugegriffen werden.

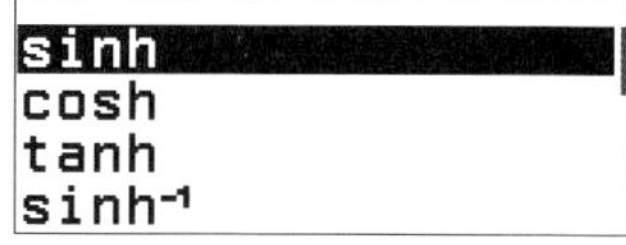

Die trigonometrischen Funktionen und die $\sin^{-1}$, $\cos^{-1}$ und $\tan^{-1}$- Funktionen können auch direkt über die entsprechenden Tasten aufgerufen werden.

15.6 Dezimalpräfixe

Mit der Funktion Dezimalpräfixe können die entsprechenen Einheitenpräfixe eingefügt werden. Der Taschenrechner berechnet dann die entsprechende Zahl.

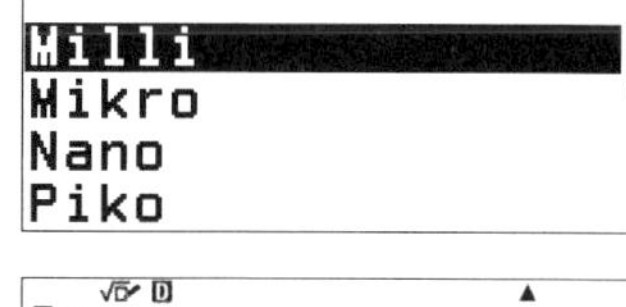

Die Eingabe von 3 Milli ergibt entsprechend $\frac{3}{1000}$

15.7 Wissenschaftliche Konstanten

Im [CATALOG] kannst du unter Wissensch. Konst die im Gerät gespeicherten naturwissenschaftlichen Konstanten aufrufen.

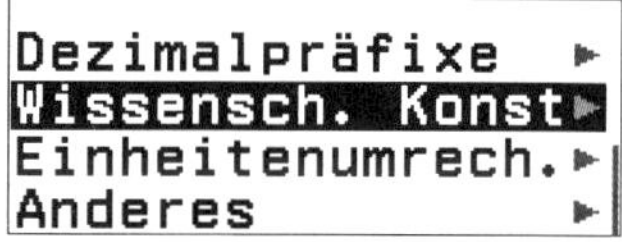

Diese sind noch einmal nach verschiedenen Gebieten untergliedert

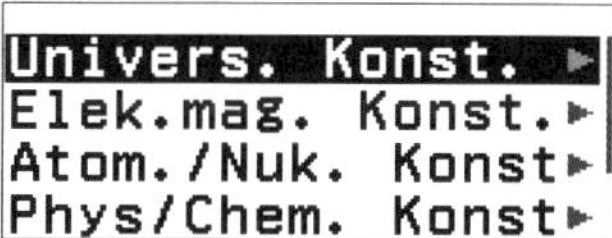

15.8 Einheiten umrechnen

Es ist möglich, mit den Taschenrechner Werte von einer Einheit in eine andere Einheit umzurechnen. Dazu stehen viele Längen-, Flächen- und Volumeneinheiten zur Verfügung. Der Einheitenumrechner wird mit im [CATALOG] aufgerurfen.

Beispiel

Um 3,5 cm in Zoll (Inch) umzurechnen gibst du «3,5» ein.

3,5

Nun rufst du den [CATALOG]auf. Du musst nun mit den Pfeiltasten noch nach unten scrollen.

Du bestätigst Einheitenumrech. und bestätigst im folgenden Fenster den Eintrag Länge jeweils mit [EXE].

Nun wählst du den Eintrag cm ▶ in und bestätigst wieder mit [EXE].

Db bestätigst ein weiteres Mal mit $^{S}[\approx]$, also erst [SHIFT] und dann [EXE].

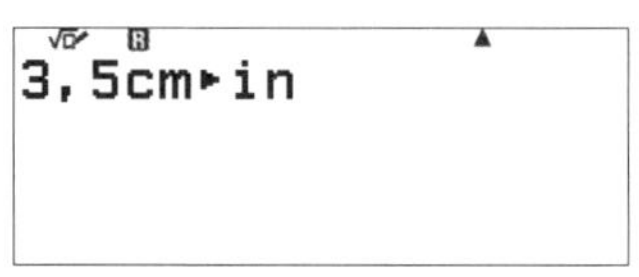

Die Länge in Inch wird nun in als Dezimalzahl angezeigt, also ca. 1,378 Zoll.

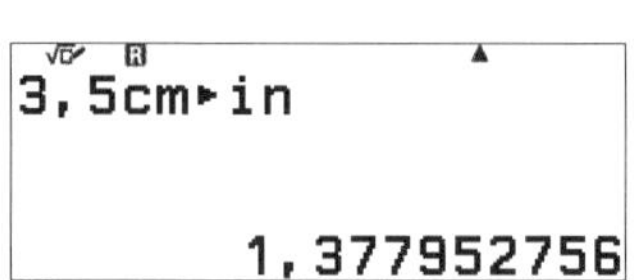

- Es stehen Umrechnungen in den Bereichen Länge, Fläche, Volumen, Winkel, Masse, Zeit, Geschwindigkeit, Beschleunigung, Drehmoment, Kraft, Druck, Energie, Leistung, Wärmedurchfluss, Temperatur, spezifische Wärme, Viskosität, kinematische Viskosität, Magnetismus, Lichtstärke und Radioaktivität zur Verfügung.
- An dem Scrollbalken, der am rechten Bildschirmrand angezeigt wird, kannst du sehen, ob es weitere Menüeinträge gibt. Nutze [▼] und [▲], um zwischen den Bildschirmansichten zu wechseln.

Übungen

a) Gib an, wie viele Kilometer 65 Meilen sind.

b) Gib an, welche Temperatur in Fahrenheit 21° Celsius entspricht.

15.9 Anderes

Unter Anderes finden sich verschiedene Werte oder Funktionen, die ansonsten aber auch über die entsprechenden Tasten aufgerufen werden können.

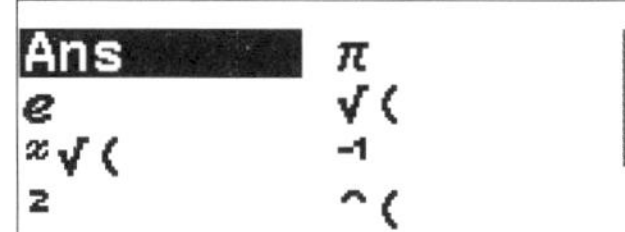

16 Der QR-Code-Generator

Mit dem Gerät ist es möglich, einen QR-Code zu erzeugen. Dieser Code kann anschließend mit der Casio EDU$^+$ App gescannt werden. Auf diese Weise können z.B. Funktionsgraphen auf dem Smartphone dargestellt werden.

Der QR-Code wird generiert mithilfe der Taste ^{S} [QR].
Der Code rechts führt zur Übersichtsseite des Dienstes:
http://wes.casio.com/de/education/extension

Beispiel

Es soll der Funktionsgraph der Funktion $f(x) = x^2 - 2$ für $-4 \leqslant x < 4$ dargestellt werden.

Zuerst wechselst du mit [HOME] und Wertetab. in die Wertetabellenanwendung, tippst auf [○○○] und wählst zunächst f(x)/g(x) defin. und dann f(x) definieren.

f(x) definieren
g(x) definieren

Nun kannst du die Funktion eingeben, x wird dabei mit [x] eingegeben. Die Eingabe wird mit [EXE] abgeschlossen.

$f(x)=x^2-2$

Unter Tabellentyp legst du noch fest, dass nur $f(x)$ angezeigt wird.

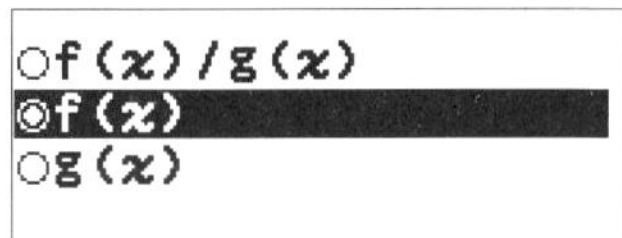

Da noch kein Tabellenbereich definiert wurde, nutzt Du wieder [○○○], wählst jetzt aber Tabellenbereich. Gib die Werte ein und bestätige Ausführen mit [EXE].

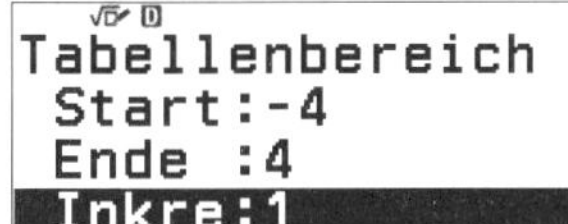

Die Wertetabelle wird nun angezeigt.

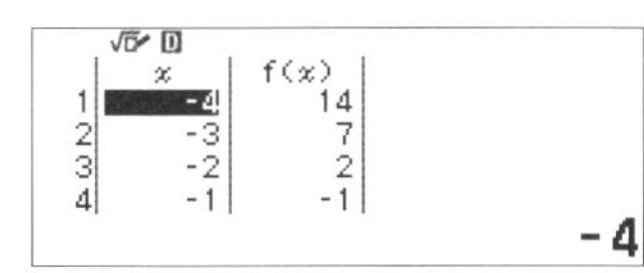

Mit ^{S} [QR] kannst du nun den zugehörigen QR-Code erzeugen und mithilfe einer Scan-App scannen. Die Code-Anzeige verlässt du mit [AC].

Nach dem Scannen mit dem QR-Scanner wird im Smartphone bzw. Tablet der zugehörige Funktionsgraph angezeigt.

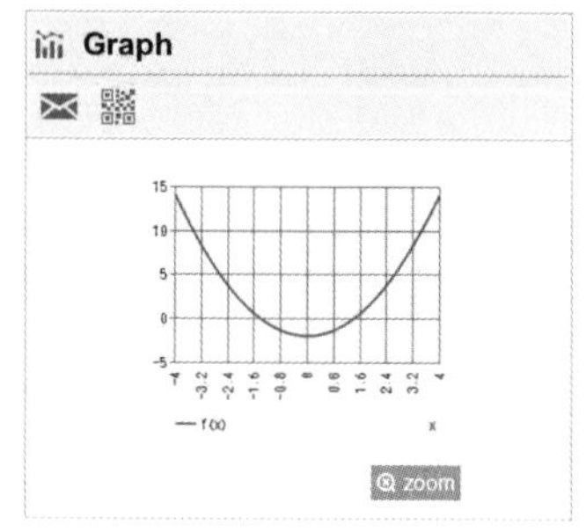

Es können mithilfe des QR-Codes z.B. die folgenden Ergebnisse angezeigt werden:

- Anzeige von Funktionsgraphen im Wertetabellenmodus. Dabei können die Funktionsgraphen von einer oder zwei Funktionen angezeigt werden. Die y-Achse wird automatisch angepasst. (Abbildungen 1 und 2)
- Verschiedene Elemente können durch Tippen auf «Zoom» vergrößert werden.
- Anzeigen von Histogrammen bei der Binomialverteilung (Abbildungen 3 und 4)
- Anzeige der Glockenkurve bei der Normalverteilung (Abbildungen 5 und 6)

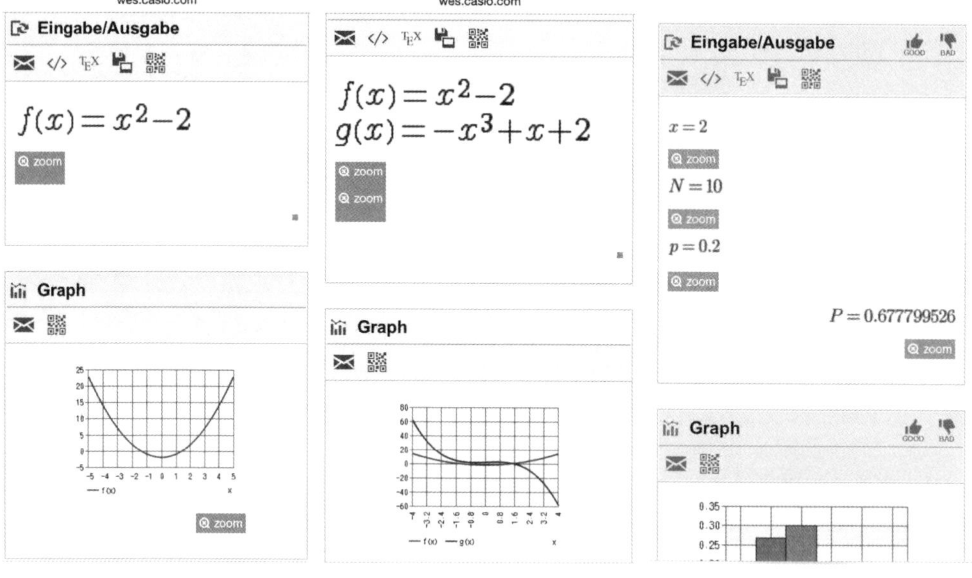

Abbildung 1 Abbildung 2 Abbildung 3

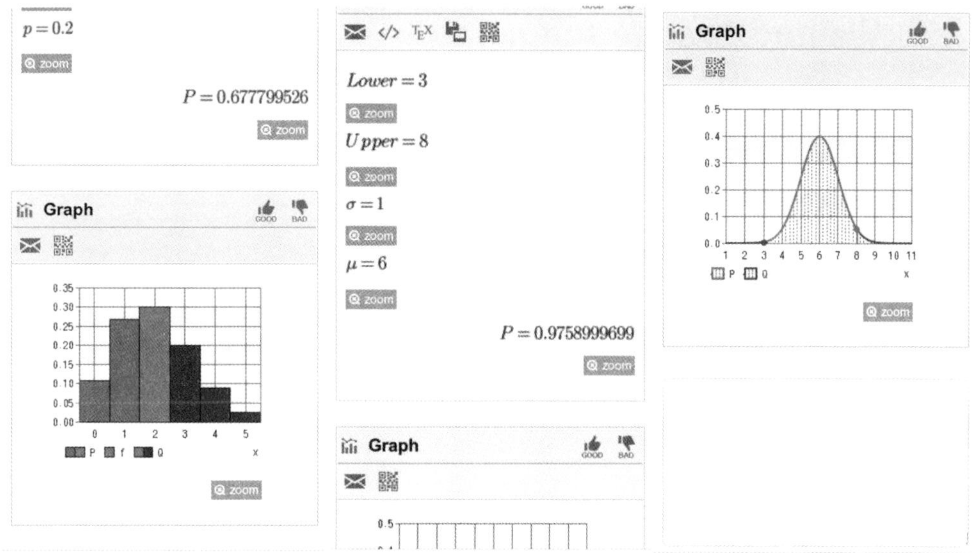

Abbildung 4 Abbildung 5 Abbildung 6

- Die QR-Code-Erzeugung ist an vielen Stellen verfügbar, eine genaue Übersicht ist unter http://wes.casio.com/de/education/extension zu finden.

- Die Code-Anzeige verlässt du mit [AC].

- Es gibt zwei verschiedene QR-Code-Typen, die sich unter S [SETUP] einstellen lassen. Dazu musst du zwei mal [▼] benutzen. Die Codes der «Version 3» sind einfacher lesbar, können aber nicht in allen Fällen die nötigen Informationen übermitteln. Die Codes «Version 11» sind besser geeignet, da sie überall funktionieren. Allerdings kann es – je nach Smartphone-Kamera – manchmal nicht ganz einfach sein, den Code zu scannen.

- Wenn das Scannen nicht auf Anhieb klappt, kannst du mit [◄] und [►] die Kontrasteinstellungen der Anzeige verändern, dazu musst du nicht in [SETTINGS] wechseln: Wenn ein QR-Code angezeigt wird, kannst du den Kontrast direkt mithilfe der beiden Pfeiltasten ändern.

17 Weiterführende Aufgaben

Die vielen Funktionen des fx-991 DE X können dir beim Lösen von anspruchsvollen Aufgaben helfen. Daher wird im Folgenden gezeigt, wie man mit Hilfe des fx-991 DE X solche Aufgaben, die von der Schwierigkeit Abituraufgaben entsprechen, lösen kann.

Dabei ist zuerst immer der Weg «von Hand» angegeben und danach der Weg mit Hilfe des Taschenrechners.

17.1 Analysis – Kugelstoßen

a) Die Funktion f ist gegeben durch

$$f(x) = \frac{1}{4}x^3 - 3x^2 + 9x;\ x \in \mathbb{R}.$$

Ihr Graph sei G.

Untersuche G auf gemeinsame Punkte mit der x-Achse, Extrem- und Wendepunkte. Zeichne G für $0 \leqslant x \leqslant 8$.
Der Graph von f schließt mit der x-Achse eine Fläche ein. Berechne ihren Inhalt A.

b) Die Gerade $x = u$ $(0 < u < 6)$ schneidet die x-Achse im Punkt Q und den Graph von f im Punkt P.
Bestimme die Koordinaten des Punktes P so, dass das Dreieck OQP maximalen Flächeninhalt hat.

c) Beim Kugelstoßen wird eine Kugel im Punkt A aus einer Höhe von 2,0 m unter einem Winkel von $\alpha = 42^\circ$ bezüglich der Horizontalen abgestoßen und landet im Punkt B auf dem Boden. Als Weite werden $18,6\,\text{m}$ gemessen. Die Flugbahn der Kugel kann näherungsweise durch eine Parabel beschrieben werden.
Bestimme die Gleichung der Flugbahn, berechne dabei die Parameter auf drei Stellen hinter dem Komma.
Unter welchem Winkel β trifft die Kugel auf dem Boden auf?

Lösung

a) Es ist $f(x) = \frac{1}{4}x^3 - 3x^2 + 9x$.
Für die Ableitungen gilt:

$$f'(x) = \frac{3}{4}x^2 - 6x + 9$$
$$f''(x) = \frac{3}{2}x - 6$$
$$f'''(x) = \frac{3}{2}$$

Gemeinsame Punkte mit der x-Achse erhält man durch $f(x) = 0$:

$$\frac{1}{4}x^3 - 3x^2 + 9x = 0 \Rightarrow x\left(\frac{1}{4}x^2 - 3x + 9\right) = 0$$

Daraus folgt, dass entweder $x_1 = 0$ oder $\frac{1}{4}x^2 - 3x + 9 = 0$ ist. Lösen der quadratischen Gleichung mit Hilfe des Taschenrechners oder der pq- bzw. abc-Formel ergibt $x_2 = 6$.

Seite 43

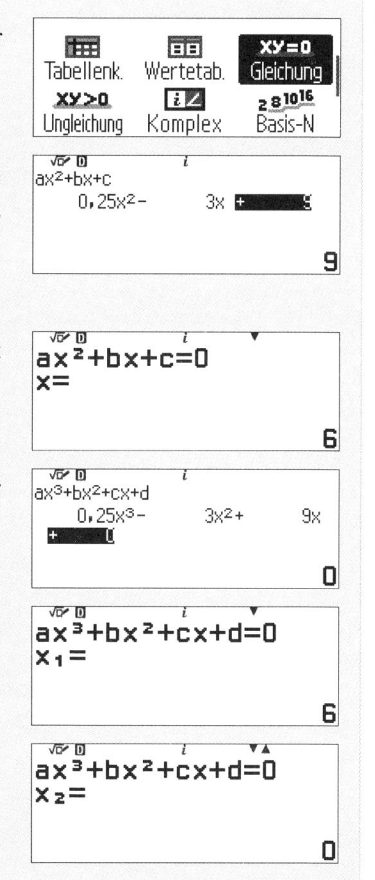

Du rufst zuerst mit [HOME] den Gleichungslöser Gleichung auf.

Anschließend wählst du Polynom-Gleich.und anschließend $\mathsf{ax^2 + bx + c}$, da es sich um eine quadratische Gleichung handelt und und gibst die Koeffizienten ein.

Du bestätigst mit [EXE]. Für diese Gleichung gibt es nur eine Lösung $x = 6$, diese wird angezeigt.

Alternativ kannst du gleich den Gleichungslöser für x^3-Gleichungen verwenden, dazu wählst du $\mathsf{ax^3 + bx^2 + cx + d}$.

Du gibst die Koeffizienten ein und bestätigst mit [EXE]. Die erste Lösung wird angezeigt.

Wenn du ein weiteres Mal mit [EXE] bestätigst, wird die zweite Lösung angezeigt.

Somit sind $N_1\,(0 \mid 0)$ und $N_2\,(6 \mid 0)$ gemeinsame Punkte von G mit der x-Achse.
Extrempunkte erhält man durch $f'(x) = 0$:

$$\frac{3}{4}x^2 - 6x + 9 = 0$$

Lösen mit dem Taschenrechner bzw. der pq- oder abc-Formel: $x_1 = 2$ und $x_2 = 6$.

Seite 43

Du rufst zuerst mit [HOME] den Gleichungslöser Gleichung auf.

Anschließend wählst du Polynom-Gleich.und anschließend $\mathrm{ax}^2 + \mathrm{bx} + \mathrm{c}$, da es sich um eine quadratische Gleichung handelt und und gibst die Koeffizienten ein.

Du bestätigst mit [EXE]. Die erste Lösung $x_1 = 6$, wird angezeigt.

Wenn du ein weiteres Mal mit [EXE] bestätigst, wird die zweite Lösung $x_2 = 2$ angezeigt.

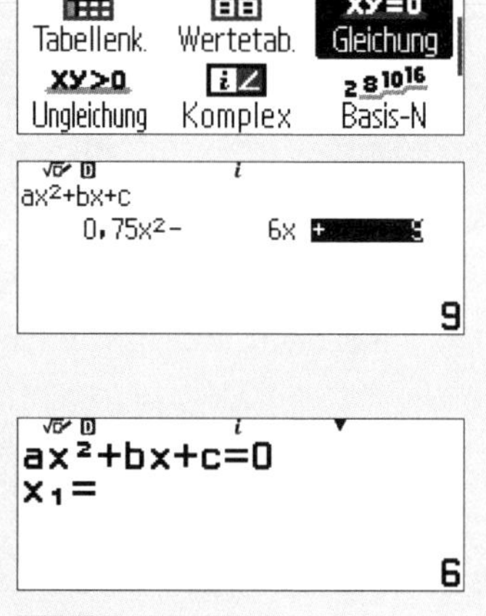

Die zugehörigen y-Werte sind $y_1 = f(2) = 8$ und $y_2 = f(6) = 0$.
Zur Untersuchung auf Hoch- oder Tiefpunkte setzt man die x-Werte in $f''(x)$ ein:

$$f''(2) = -3 < 0 \Rightarrow \mathrm{H}\,(2 \mid 8)$$
$$f''(6) = 3 > 0 \Rightarrow \mathrm{T}\,(6 \mid 0)$$

Wendepunkte erhält man durch $f''(x) = 0$:

$$\frac{3}{2}x - 6 = 0 \Rightarrow x = 4$$

Der zugehörige y-Wert ist $y = f(4) = 4$.
Wegen

$$f'''(4) = \frac{3}{2} > 0$$

folgt: $\mathrm{W}\,(4 \mid 4)$ ist Wendepunkt von G.

Mit Hilfe der charakteristischen Punkte des Graphen kann dieser gezeichnet werden:

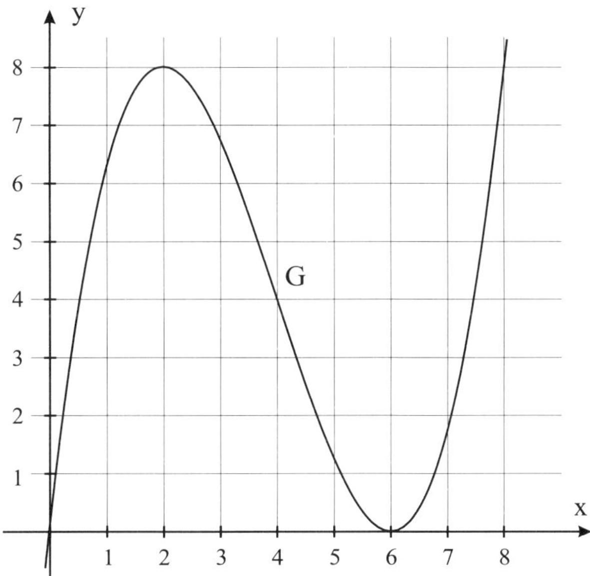

Seite 38

Zusätzlich kannst du noch eine Wertetabelle erstellen. Dazu wechselst du mit [HOME] in die Wertetabellenanwendung.

Tabellenk. | Wertetab. | Gleichung
Ungleichung | Komplex | Basis-N

Jetzt nutzt du [∘∘∘], wählst f(x)/g(x) defin. und dann f(x) definieren und gibst du die Funktion ein; *x* wird dabei mit [*x*] eingegeben.

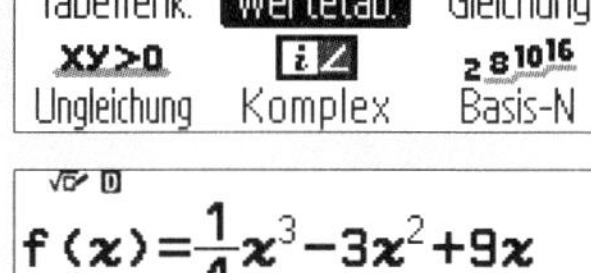

Nutze [∘∘∘] und Tabellenbereich. Start und die Schrittweite Inkre kannst du übernehmen. Den Endwert setzt du auf 8. Bestätige mit [EXE].

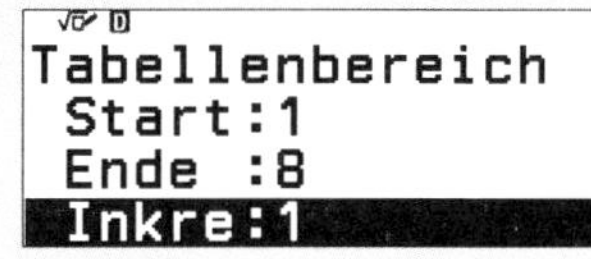

Nun wird die Wertetabelle angezeigt. Mit [▼] und [▲], sowie [►] und [◄] kannst du innerhalb der Wertetabelle navigieren.

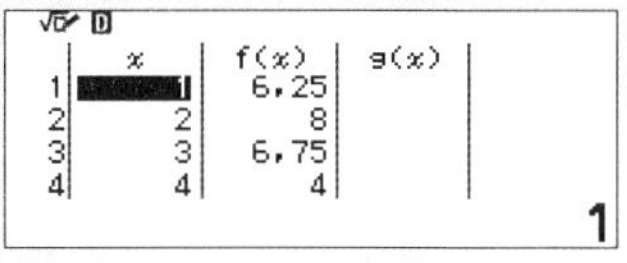

	x	f(x)	g(x)
1	1	6,25	
2	2	8	
3	3	6,75	
4	4	4	

Falls zu noch zusätzliche Werte benötigst, gibst du diese in der Spalte *x* ein und bestätigst mit [EXE].

	x	f(x)	g(x)
7	7	1,75	
8	8	8	
9	5,5	0,3437	
10			

g(x):Keine

Den Flächeninhalt der vom Graphen G und der x-Achse eingeschlossenen Fläche erhält man mit Hilfe des Integrals; die Integrationsgrenzen sind die Nullstellen:

$$\begin{aligned}
\mathrm{A} &= \int_0^6 f(x)\,dx \\
&= \int_0^6 \left(\frac{1}{4}x^3 - 3x^2 + 9x\right) dx \\
&= \left[\frac{1}{16}x^4 - x^3 + \frac{9}{2}x^2\right]_0^6 \\
&= \frac{1}{16}\cdot 6^4 - 6^3 + \frac{9}{2}\cdot 6^2 - \left(\frac{1}{16}\cdot 0^4 - 0^3 + \frac{9}{2}\cdot 0^2\right) \\
&= 27
\end{aligned}$$

Seite 69

Zuerst rufst du im Berechnungsfenster mit [CATALOG] und Funktionsanalyse Integration $\int$ auf und gibst die Grenzen ein. Die schon definierte Funktion f kannst du mit [f(x)] einfügen.

f(x)
g(x)
f(x) definieren
g(x) definieren

Seite 37

Anschließend musst du noch die Funktionsvariable mit [x] eingeben und die Klammer schließen. Mit der Taste [EXE] wird die Berechnung gestartet.

$\int_0^6 f(x)dx$
27

b) Es ist $f(x) = \frac{1}{4}x^3 - 3x^2 + 9x$

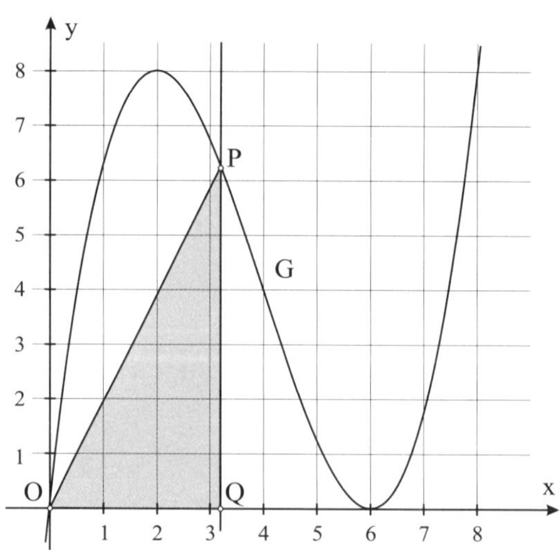

Allgemein gilt für den Flächeninhalt des Dreiecks OQP: $\mathrm{A} = \frac{1}{2} \cdot g \cdot h$. Für die Grundseite g gilt: $g = \overline{\mathrm{OQ}} = u$, für die Höhe h gilt: $h = \overline{\mathrm{QP}} = f(u) = \frac{1}{4}u^3 - 3u^2 + 9u$.
Damit gilt für den Flächeninhalt in Abhängigkeit von u:

$$\mathrm{A}(u) = \frac{1}{2} \cdot u \cdot \left(\frac{1}{4}u^3 - 3u^2 + 9u\right) = \frac{1}{8}u^4 - \frac{3}{2}u^3 + \frac{9}{2}u^2$$

Um das Maximum von $\mathrm{A}(u)$ zu bestimmen, wird $\mathrm{A}(u)$ abgeleitet und gleich Null gesetzt:

$$\mathrm{A}'(u) = \frac{1}{2}u^3 - \frac{9}{2}u^2 + 9u$$

Zum Lösen der Gleichung $\mathrm{A}'(u) = 0$ wird u ausgeklammert:

$$\frac{1}{2}u^3 - \frac{9}{2}u^2 + 9u = u\left(\frac{1}{2}u^2 - \frac{9}{2}u + 9\right) = 0$$

Daraus folgt, dass entweder $u_1 = 0$ oder der Term in der Klammer gleich Null ist.
Zur Bestimmung der weiteren Lösungen wird die Gleichung

$$\frac{1}{2}u^2 - \frac{9}{2}u + 9 = 0 \Leftrightarrow u^2 - 9u + 18 = 0$$

mit Hilfe der pq- oder abc-Formel gelöst. Es ergeben sich $u_2 = 3$ und $u_3 = 6$.

Seite 43

Mit dem Gleichungslöser für x^2-Gleichungen kannst du die Gleichung lösen. Wähle Polynom-Gleich. und anschließend $\mathsf{ax^2 + bx + c}$.

Du gibst die Koeffizienten ein und bestätigst mit [EXE].

Die erste Lösung wird angezeigt.

Wenn du ein weiteres Mal mit mit [EXE] bestätigst, wird die zweite Lösung angezeigt.

Alternativ kannst du gleich den Gleichungslöser für x^3-Gleichungen verwenden, dazu wählst du $\mathsf{ax^3 + bx^2 + cx + d}$.

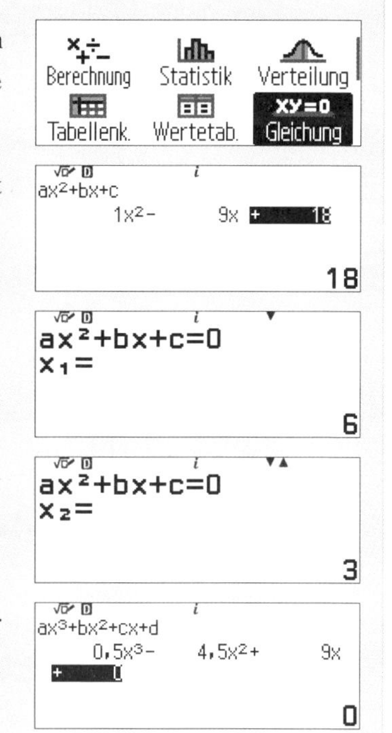

Du gibst die Koeffizienten ein und bestätigst mit [EXE]. Die erste Lösung $x_1 = 6$ wird angezeigt.

Wenn du ein weiteres Mal mit [EXE] bestätigst, wird die zweite Lösung $x_2 = 2$ angezeigt.

Nach dem erneuten Bestätigen mit [EXE] wird die dritte Lösung $x_3 = 0$ angezeigt.

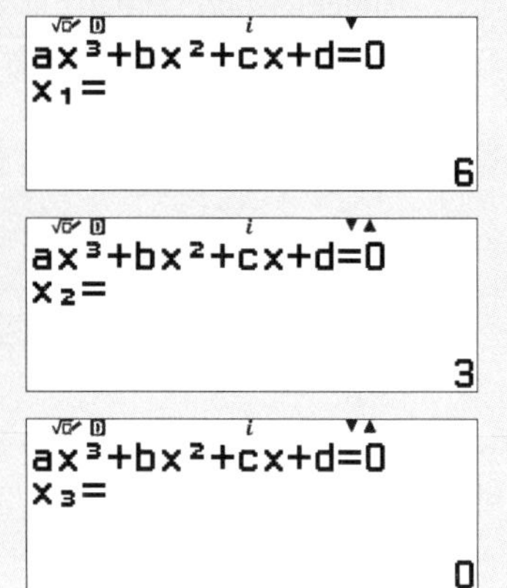

Wegen $u < 6$ setzt man $u = 3$ in die zweite Ableitung $A''(u) = \frac{3}{2}u^2 - 9u + 9$ ein und erhält

$A''(3) = \frac{3}{2} \cdot 3^2 - 9 \cdot 3 + 9 = -4{,}5 < 0$. Also handelt es sich bei $u = 3$ um ein Maximum.

Der y-Wert des Punktes P ist $y = f(3) = \frac{1}{4} \cdot 3^3 - 3 \cdot 3^2 + 9 \cdot 3 = 6{,}75$.

Damit hat der Punkt P die Koordinaten $P(3 \mid 6{,}75)$.

c) Skizze der Flugbahn (nicht Teil der Aufgabenstellung):

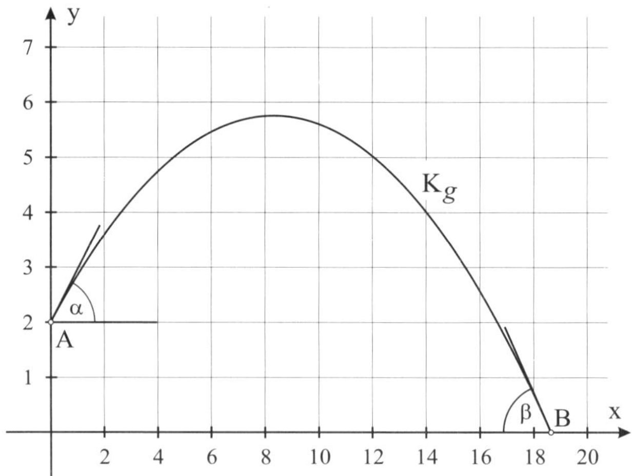

Die Flugbahn der Kugel ist näherungsweise eine Parabel, daher kann man als Ansatz $g(x) = ax^2 + bx + c$ wählen mit $a, b, c \in \mathbb{R}$, $a \neq 0$.

Im Punkt $A(0 \mid 2)$ ist der Abstoßwinkel $\alpha = 42°$, d.h. die Steigung der Tangente im Punkt A ist $m = \tan 42° \approx 0{,}900 = g'(0)$.

Da $g'(x) = 2ax + b$, gilt:

$$g'(0) = 2a \cdot 0 + b = 0,900 \Rightarrow b = 0,900$$

Setzt man A (0 | 2) in $g(x)$ ein, so erhält man:

$$a \cdot 0^2 + b \cdot 0 + c = 2 \Rightarrow c = 2$$

Setzt man B (18,6 | 0) in die Funktion $g(x)$ ein, so erhält man:

$$a \cdot 18,6^2 + b \cdot 18,6 + c = 0$$

bzw.

$$345,96a + 0,9 \cdot 18,6 + 2 = 0 \Rightarrow a \approx -0,054$$

Somit hat die Parabel die Gleichung:

$$g(x) = -0,054x^2 + 0,9x + 2$$

Um den Auftreffwinkel β zu bestimmen, berechnet man die Tangentensteigung in B (18,6 | 0) mit Hilfe von $g'(x) = -0,108x + 0,9$:

$$g'(18,6) = -0,108 \cdot 18,6 + 0,9 \approx -1,109$$

Aus $\tan\beta = -1,109$ folgt $\beta \approx -47,96°$.
Die Kugel trifft also unter einem Winkel von ca. $47,96°$ auf dem Boden auf.*

*Man die Tangentensteigung auch mit Hilfe der Ableitungswerte berechnenFunktion ermitteln können, doch da die Ableitung bekannt ist, ist es einfacher, diese "direktßu bestimmen.

17.2 Analysis – Mountainbike

Eine kleine Firma stellt Mountainbikes her. Bei einer Monatsproduktion von x Mountainbikes entstehen Fixkosten in Höhe von 5000 Euro und variable Kosten $V(x)$ (in Euro), die durch folgende Tabelle modellhaft gegeben sind:

x	0	2	6	10
$V(x)$	0	306	954	1650

a) Bestimme die Funktionsgleichung der ganzrationalen Funktion 2. Grades $V(x)$ sowie der monatlichen Herstellungskosten H in Abhängigkeit von x.
Skizziere den Graph von H für $0 \leqslant x \leqslant 200$ in ein geeignetes Koordinatensystem.
Bei welcher Produktionszahl sind die variablen Kosten fünfmal so hoch wie die Fixkosten?

b) Alle monatlich produzierten Mountainbikes werden zu einem Preis von 450 Euro pro Stück an einen Händler verkauft.
Gib den monatlichen Gewinn G in Abhängigkeit von x an und skizziere den Graph der Gewinnfunktion in das vorhandene Koordinatensystem.
Bei welchen Produktionszahlen macht die Firma Gewinn?
Wie hoch ist der maximale Gewinn pro Monat?

c) Durch große Konkurrenz auf dem Markt muss die Firma den Preis pro Mountainbike senken.
Um wie viel Prozent vom ursprünglich erzielten Preis ist dies höchstens möglich, wenn pro Monat 90 Mountainbikes produziert werden und der Gewinn mindestens 2000 Euro betragen soll?

Lösung

a) Da die variablen Kosten V durch eine ganzrationale Funktion 2. Grades beschrieben werden sollen, gilt für V der Ansatz: $\mathrm{V}(x) = ax^2 + bx + c$.

Aus den gegebenen Daten erhält man folgende Gleichungen:

$$\begin{array}{llcr} \text{I} & \mathrm{V}(0) & = & 0 \\ \text{II} & \mathrm{V}(2) & = & 306 \\ \text{III} & \mathrm{V}(6) & = & 954 \end{array}$$

bzw.

$$\begin{array}{lccccccr} \text{I} & a\cdot 0^2 & + & b\cdot 0 & + & c & = & 0 \\ \text{II} & a\cdot 2^2 & + & b\cdot 2 & + & c & = & 306 \\ \text{III} & a\cdot 6^2 & + & b\cdot 6 & + & c & = & 954 \end{array}$$

Dies führt zu:

$$\begin{array}{lrcrcr} \text{I} & & & c & = & 0 \\ \text{II} & 4a & + & 2b & = & 306 \\ \text{III} & 36a & + & 6b & = & 954 \end{array}$$

Multipliziert man Gleichung II mit 3 und subtrahiert davon Gleichung III, so ergibt sich: $-24a = -36 \Rightarrow a = 1{,}5$. Setzt man $a = 1{,}5$ in Gleichung II ein, so erhält man: $4\cdot 1{,}5 + 2b = 306 \Rightarrow b = 150$. Außerdem ist auch $\mathrm{V}(10) = 100a + 10b = 1650$ erfüllt. Somit werden die variablen Kosten V beschrieben durch:

$$\mathrm{V}(x) = 1{,}5x^2 + 150x$$

Seite 41

Mit Gleichungssyst., dem Gleichungslöser für Gleichungssysteme kannst du das Gleichungssystem direkt lösen.

Du wählst 2 Unbekannte, gibst die Koeffizienten ein und bestätigst mit [=].

Die Lösung für die erste Variable wird angezeigt.

Wenn du ein weiteres Mal mit [EXE] bestätigst, wird die zweite Variable angezeigt.

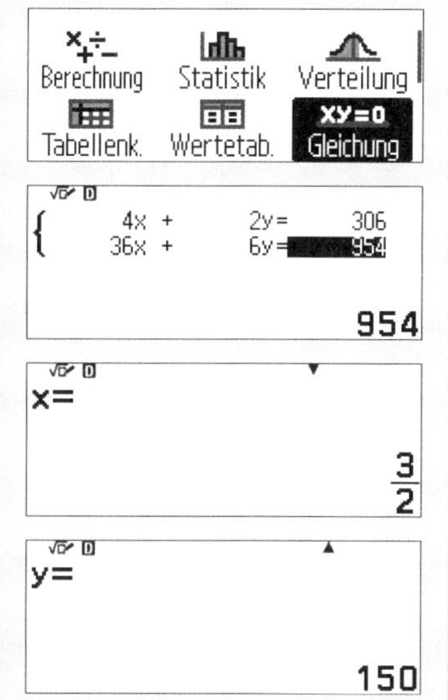

Die monatlichen Herstellungskosten H setzen sich aus den Fixkosten und den variablen Kosten V zusammen:

$$\mathrm{H}(x) = 5000 + \mathrm{V}(x) = 1{,}5x^2 + 150x + 5000$$

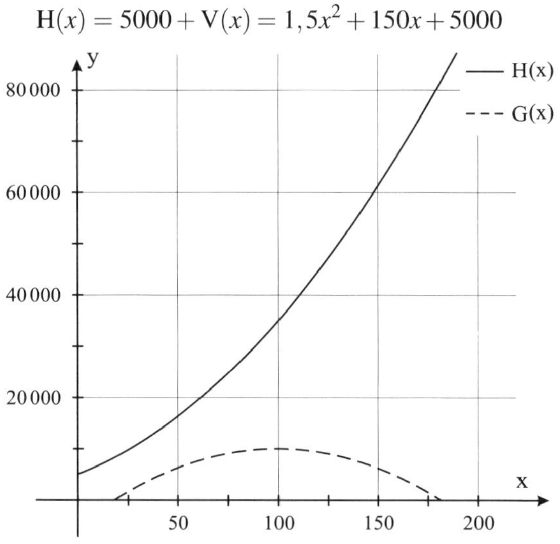

Wenn die variablen Kosten $\mathrm{V}(x)$ fünfmal so hoch wie die Fixkosten (5000 €) sein sollen, muss gelten:

$$\mathrm{V}(x) = 25\,000 \text{ bzw. } 1{,}5x^2 + 150x = 25\,000 \;\Rightarrow\; x_1 \approx 88{,}44 \text{ und } x_2 \approx -188{,}44$$

Bei einer Produktion von 88 Mountainbikes sind die variablen Kosten fünfmal so hoch wie die Fixkosten.

Seite 43

Du rufst zuerst mit [HOME] den Gleichungslöser Gleichung auf.

Nun wählst du Polynom-Gleich. und dann $ax^2 + bx + c$, da es sich um eine quadratische Gleichung handelt. Gib die Koeffizienten ein.

Du bestätigst mit [EXE]. Die erste Lösung wird angezeigt.

Wenn du ein weiteres Mal mit mit [EXE] bestätigst, wird die zweite Lösung angezeigt.

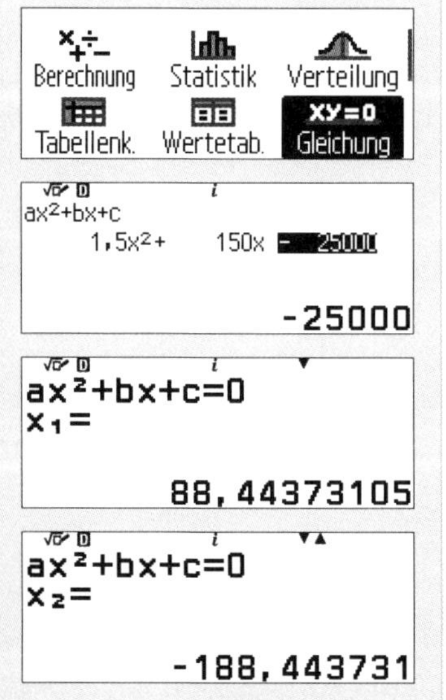

b) Den monatlichen Gewinn G erhält man, indem man die Herstellungskosten H vom Erlös E subtrahiert. Da ein Mountainbike für 450 € an den Händler verkauft wird, gilt für den Erlös E bei x produzierten Mountainbikes:

$$E(x) = 450 \cdot x$$

$$G(x) = E(x) - H(x) = 450x - (1{,}5x^2 + 150x + 5000) = -1{,}5x^2 + 300x - 5000$$

Die Firma macht Gewinn, wenn $G(x)$ positiv ist, d.h. wenn die Produktionszahlen zwischen den Nullstellen von G liegen, da der Graph von G eine nach unten geöffnete Parabel ist.
$G(x) = 0$ führt zu

$$-1{,}5x^2 + 300x - 5000 = 0 \;\Rightarrow\; x_1 \approx 18{,}35 \text{ und } x_2 \approx 181{,}65$$

Seite 43

Du rufst zuerst mit [HOME] den Gleichungslöser Gleichung auf.

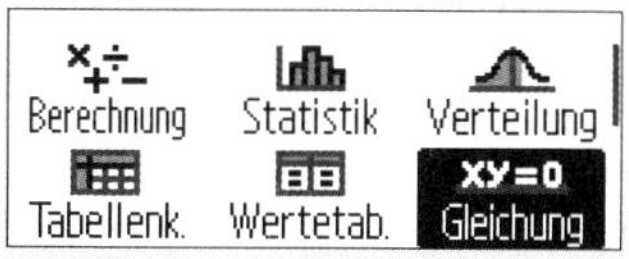

Anschließend wählst du Polynom-Gleich.und anschließend $ax^2 + bx + c$, da es sich um eine quadratische Gleichung handelt und und gibst die Koeffizienten ein.

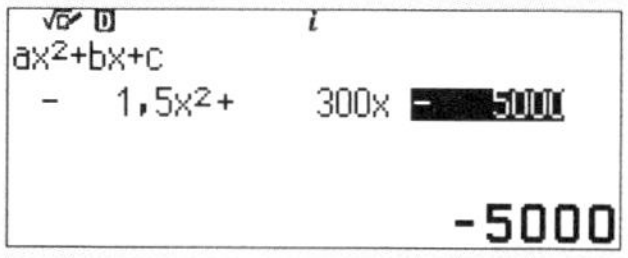

Du bestätigst mit [EXE]. Die erste Lösung wird angezeigt.

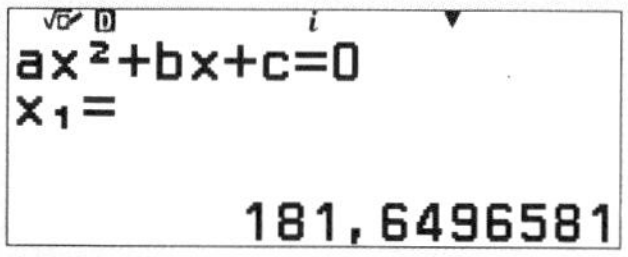

Nachdem du ein weiteres Mal mit [EXE] bestätigt hast, wird die zweite Lösung angezeigt.

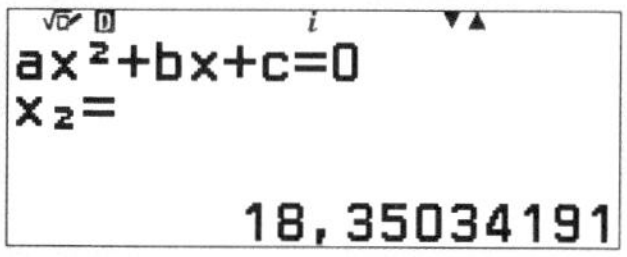

Die Firma macht Gewinn, wenn mehr als 18 und weniger als 182 Mountainbikes hergestellt werden.

Den maximalen Gewinn erhält man durch Berechnung des Maximums von G durch Nullsetzen der 1. Ableitung:

$$G'(x) = -3x + 300 = 0 \;\Rightarrow\; x = 100$$

Da G' bei $x = 100$ das Vorzeichen von $+$ nach $-$ wechselt, handelt es sich um ein Maximum. Setzt man $x = 100$ in $G(x)$ ein, so erhält man:

$$G(100) = -1{,}5 \cdot 100^2 + 300 \cdot 100 - 5000 = 10\,000$$

Bei einer Produktion von 100 Mountainbikes pro Monat beträgt der maximale Gewinn also 10 000 €.

c) Wenn pro Monat 90 Mountainbikes produziert werden, betragen die Herstellungskosten

$$H(90) = 1{,}5 \cdot 90^2 + 150 \cdot 90 + 5000 = 30\,650$$

Ist p der Preis für ein Mountainbike, so beträgt der Erlös $E = 90 \cdot p$.
Da der Gewinn mindestens 2000 € betragen soll, muss gelten:

$$90p - 30\,650 \geqslant 2000 \;\Rightarrow\; p \geqslant 362{,}78.$$

Der Preis für ein Mountainbike kann also höchstens um $450 - 362{,}78 = 87{,}22$ € gesenkt werden.
Es gilt:

$$\frac{87{,}22}{450} \approx 0{,}194 = 19{,}4\,\%$$

Also kann der ursprünglich erzielte Preis um höchstens 19,4 % gesenkt werden.

17.3 Vektoren – Solarzellen

a) Durch die Punkte A(0 | 0 | 0), B(10 | 0 | 0), C(10 | 6 | 0), D(0 | 8 | 0), E(0 | 0 | 10), F(10 | 0 | 11), G(10 | 6 | 8) und H(0 | 8 | 6) sind die Eckpunkte einer Hütte mit Pultdach gegeben (1 LE = 1 m).
Zeichnen Sie ein Schrägbild der Hütte in ein geeignetes Koordinatensystem.
Zeige, dass die Eckpunkte der Dachfläche EFGH in einer Ebene liegen.

b) Zum Anbringen von Solarzellen sollte die Dachneigung bezüglich der x_1x_2-Ebene mindestens 25° betragen. Prüfe, ob dieser Wert eingehalten wird.

c) Berechne die mögliche Solarzellenfläche, wenn 80 % der Dachfläche mit Solarzellen bestückt werden.

Lösung

Auch bei dieser Aufgabe gilt, dass zwar sehr viele Vektorberechnungen mit dem Rechner ausgeführt werden können, aber es nicht immer sinnvoll ist, weil der Weg über die Eingabe von zwei Vektoren unter Umständen mehr Schritte umfasst als das direkte Berechnen. Es kann vor allem dann sinnvoll sein, den Rechner zu benutzen, wenn schon ein oder beide Vektoren aus einer vorangehenden Berechnung eingegeben wurden.

a) Um zu zeigen, dass die Eckpunkte der Dachfläche EFGH in einer Ebene liegen, bestimmt man zuerst mit drei Punkten, z.B. E, F und G eine Koordinatengleichung einer Ebene E_1; hierzu berechnet man mit Hilfe des Kreuzprodukts zweier Verbindungsvektoren der drei Punkte $E(0\,|\,0\,|\,10)$, $F(10\,|\,0\,|\,11)$ und $G(10\,|\,6\,|\,8)$ einen Normalenvektor.

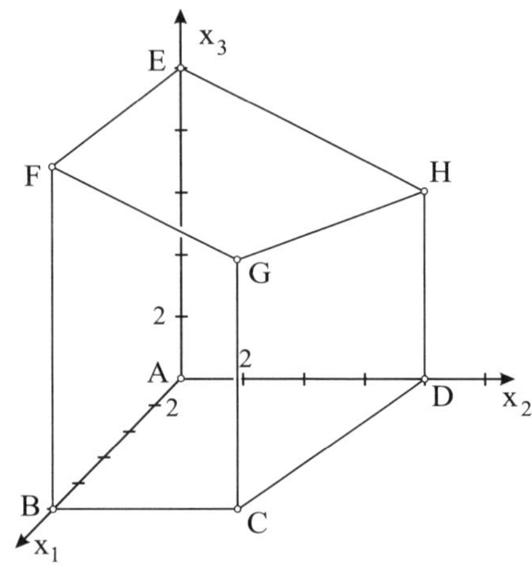

$$\overrightarrow{EF} \times \overrightarrow{EG} = \begin{pmatrix} 10 \\ 0 \\ 1 \end{pmatrix} \times \begin{pmatrix} 10 \\ 6 \\ -2 \end{pmatrix} = \begin{pmatrix} -6 \\ 30 \\ 60 \end{pmatrix} = 6 \cdot \begin{pmatrix} -1 \\ 5 \\ 10 \end{pmatrix} \Rightarrow \vec{n} = \begin{pmatrix} -1 \\ 5 \\ 10 \end{pmatrix}.$$

Seite 60

Du wechselst zuerst mit [HOME] und Vektor in den Vektormodus. Nun wählst du [○○○], um den Vektor $\overrightarrow{EF}$ als VctA einzugeben.

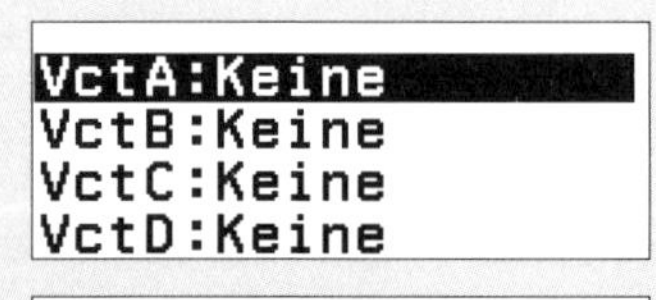

Du bestätigst ein weiteres Mal mit [EXE] und wählst 3 – dimensional, da es sich um einen dreidimensionalen Vektor handelt. Bestätige noch zwei Mal [EXE].

Nun gibst du die Koeffizienten ein und schließt die Eingabe jeweils mit [EXE] ab. Verlasse die Eingabe mit [↺] oder [AC].

Um den zweiten Vektor $\overrightarrow{EG}$ einzugeben, tippst du zuerst [○○○] und wählst dann VctB aus.

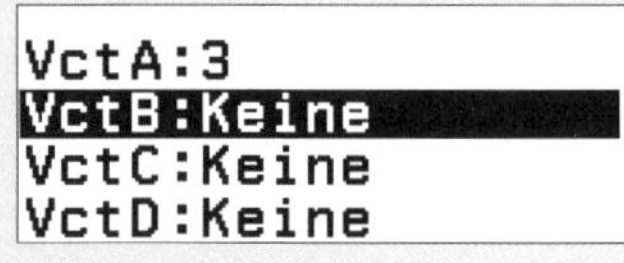

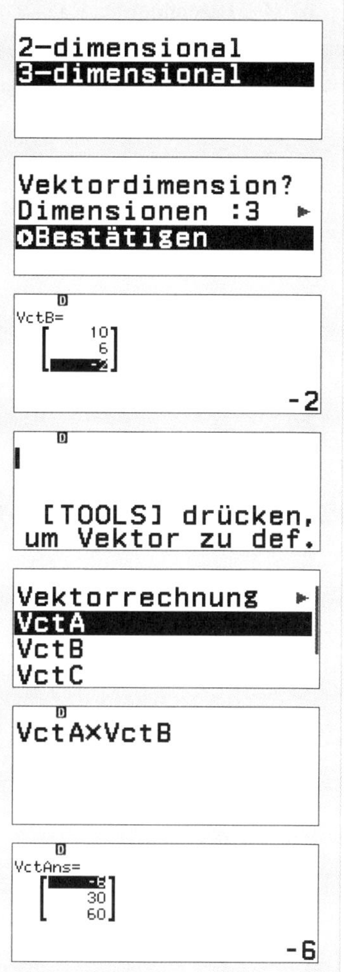

Du bestätigst mit [EXE] und bestätigst ein weiteres Mal, um die Dimension festzulegen.

Du bestätigst wählst 3 – dimensional, da es sich um einen dreidimensionalen Vektor handelt und bestätigst mit [EXE].

Du gibst die Koeffizienten ein und schließt die Eingabe mit [EXE], nun ist der Vektor $\overrightarrow{EG}$ eingegeben.

Als nächstes nutzt du [↶] oder[AC] drücken, um zum Vektorberechnungsbildschirm zu gelangen.

Nun kannst du den ersten Vektor mit [CATALOG] und Vektor aufrufen.

Du fügst das Multiplikationszeichen für das Kreuzprodukt hinzu. Vektor B wird analog eingefügt.

Der Ergebnisvektor wird nun angezeigt.

Setzt man $\vec{e}$ und $\vec{n}$ in die Normalenform $E_1 : (\vec{x} - \vec{e}) \cdot \vec{n} = 0$ ein, so ergibt sich für E_1:

$$\left(\vec{x} - \begin{pmatrix} 0 \\ 0 \\ 10 \end{pmatrix}\right) \cdot \begin{pmatrix} -1 \\ 5 \\ 10 \end{pmatrix} = 0 \;\Rightarrow E_1 : -x_1 + 5x_2 + 10x_3 - 100 = 0$$

Setzt man nun $H(0 \mid 8 \mid 6)$ in die Koordinatengleichung der Ebene E_1 ein, so erhält man:

$$-0 + 5 \cdot 8 + 10 \cdot 6 - 100 = 0 \;\Rightarrow\; 0 = 0$$

Aufgrund der wahren Aussage ist H in E_1 enthalten und die vier Eckpunkte der Dachfläche liegen in einer Ebene.

b) Zur Berechnung der Dachneigung bezüglich der x_1x_2-Ebene setzt man die Normalenvektoren $\vec{n}_1 = \begin{pmatrix} -1 \\ 5 \\ 10 \end{pmatrix}$ der Ebene E_1 und $\vec{n}_2 = \begin{pmatrix} 0 \\ 0 \\ 1 \end{pmatrix}$ der x_1x_2-Ebene in die Formel $\cos\alpha = \frac{|\vec{n_1}\cdot\vec{n_2}|}{|\vec{n_1}|\cdot|\vec{n_2}|}$ ein:

$$\cos\alpha = \frac{\left|\begin{pmatrix} -1 \\ 5 \\ 10 \end{pmatrix} \cdot \begin{pmatrix} 0 \\ 0 \\ 1 \end{pmatrix}\right|}{\left|\begin{pmatrix} -1 \\ 5 \\ 10 \end{pmatrix}\right| \cdot \left|\begin{pmatrix} 0 \\ 0 \\ 1 \end{pmatrix}\right|} = \frac{10}{\sqrt{126}} \Rightarrow \alpha \approx 27{,}02^\circ$$

Da $\alpha > 25^\circ$, wird der geforderte Wert eingehalten.

Bei dieser Rechnung lohnt es sich nicht, die beiden Vektoren in den Taschenrechner einzugeben. Dies liegt vor allem daran, dass der Vektor $\vec{n}_2$ in der ersten und der zweiten Komponente eine Null enthält, was die Berechnung sehr vereinfacht.

c) Zur Berechnung der Dachfläche muss zuerst die Art des Vierecks bestimmt werden:

Da $\overrightarrow{EH} = \begin{pmatrix} 0 \\ 8 \\ -4 \end{pmatrix}$ und $\overrightarrow{FG} = \begin{pmatrix} 0 \\ 6 \\ -3 \end{pmatrix}$ gilt: $\overrightarrow{EH} = \frac{4}{3} \cdot \overrightarrow{FG} \Rightarrow \overrightarrow{EH}$ und $\overrightarrow{FG}$ sind linear abhängig, d.h. die Kante EH ist parallel zur Kante FG.

Weil $\overrightarrow{EF} = \begin{pmatrix} 10 \\ 0 \\ 1 \end{pmatrix}$ und $\overrightarrow{HG} = \begin{pmatrix} 10 \\ -2 \\ 2 \end{pmatrix}$ nicht linear abhängig sind, sind die Kanten EF und HG nicht parallel, also handelt es sich um ein Trapez:

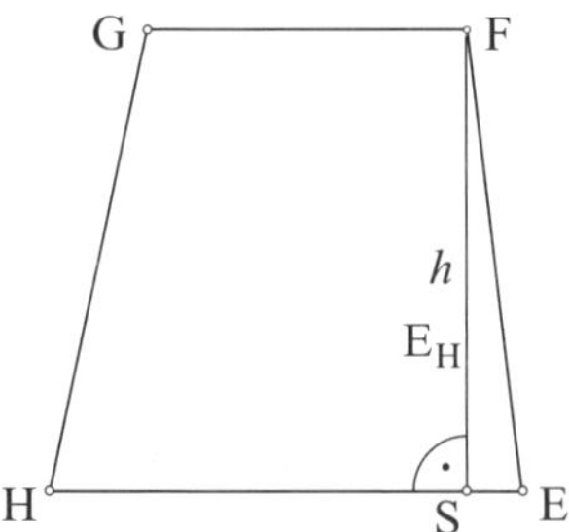

Die Fläche des Trapezes berechnet man mit der Formel $A = \frac{\overline{EH}+\overline{FG}}{2} \cdot h$.

$$\overline{\mathrm{EH}} = |\overrightarrow{\mathrm{EH}}| = \left|\begin{pmatrix} 0 \\ 8 \\ -4 \end{pmatrix}\right| = \sqrt{64+16} = \sqrt{80}$$

$$\overline{\mathrm{FG}} = |\overrightarrow{\mathrm{FG}}| = \left|\begin{pmatrix} 0 \\ 6 \\ -3 \end{pmatrix}\right| = \sqrt{36+9} = \sqrt{45}.$$

Auch hier wäre die Eingabe in den Rechner aufwändiger als das Ausrechnen «von Hand». Zudem stehen in den Koeffizienten ganze Zahlen, deren Quadrate man leicht im Kopf ausrechnen kann.

Die Trapezhöhe h ist gleich dem Abstand des Punktes F zur Geraden g durch E und H mit der Gleichung

$$g: \vec{x} = \begin{pmatrix} 0 \\ 0 \\ 10 \end{pmatrix} + t \cdot \begin{pmatrix} 0 \\ 8 \\ -4 \end{pmatrix}.$$

Hierzu stellt man eine Hilfsebene E_H orthogonal zur Geraden g durch den Punkt F auf, d.h. der Normalenvektor der Ebene E_H ist der Richtungsvektor der Geraden g.
Man erhält:

$$E_H: \left(\vec{x} - \begin{pmatrix} 10 \\ 0 \\ 11 \end{pmatrix}\right) \cdot \begin{pmatrix} 0 \\ 8 \\ -4 \end{pmatrix} = 0 \Rightarrow E_H: 8x_2 - 4x_3 + 44 = 0$$

bzw.

$$E_H: 2x_2 - x_3 + 11 = 0.$$

Schneidet man g mit der Hilfsebene E_H, so gilt:

$$2 \cdot (0+8t) - (10-4t) + 11 = 0 \Rightarrow t = -\frac{1}{20}$$

Setzt man $t = -\frac{1}{20}$ in g ein, so erhält man den Schnittpunkt: $S\left(0 \mid -\frac{2}{5} \mid \frac{51}{5}\right)$.
Damit ist die Trapezhöhe h der Abstand von S zu F:

$$h = \overline{\mathrm{FS}} = |\overrightarrow{\mathrm{FS}}| = \left|\begin{pmatrix} -10 \\ -\frac{2}{5} \\ -\frac{4}{5} \end{pmatrix}\right| = \sqrt{100 + \frac{4}{25} + \frac{16}{25}} \approx 10,04.$$

Somit gilt für die Trapezfläche: $A = \frac{\overline{\mathrm{EH}} + \overline{\mathrm{FG}}}{2} \cdot h = \frac{\sqrt{80}+\sqrt{45}}{2} \cdot 10,04 \approx 78,57$ FE.
Da 80 % der Dachfläche mit Solarzellen bestückt werden, ergibt sich für die Solarzellenfläche: $\overline{A} = 0,80 \cdot A = 0,80 \cdot 78,57 = 62,86$. Somit beträgt die Solarzellenfläche etwa $63\,\mathrm{m}^2$.

17.4 Matrizen – Populationsentwicklung

Viele Insektenarten vermehren sich nicht nur durch befruchtete Eier, sondern auch durch unbefruchtete Eier. Unter Laborbedingungen entwickelt sich die Population einer solchen Insektenart nach einem stark vereinfachten Modell in drei Entwicklungsstufen. Dabei schlüpfen aus Eiern (E) nach einer Woche Insekten der ersten Entwicklungsstufe (I_1), die nach einer Woche unbefruchtete Eier legen und sich in voll ausgebildete Insekten (I_2) verwandeln. Diese legen nach einer weiteren Woche befruchtete Eier und sterben danach. Gezählt werden neben den Eiern jeweils nur die weiblichen Insekten. Die wöchentliche Entwicklung der Population kann durch den abgebildeten Übergangsgraphen beschrieben werden.

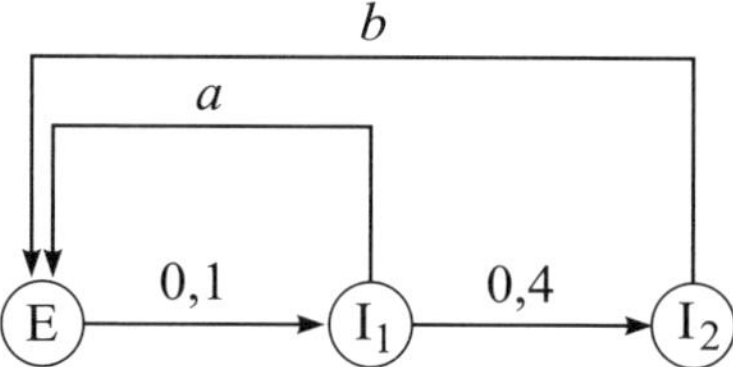

a) Begründe, dass die in dem Übergangsgraphen dargestellte Populationsentwicklung durch die Übergangsmatrix

$$\text{Ü}_{a,b} = \begin{pmatrix} 0 & a & b \\ 0{,}1 & 0 & 0 \\ 0 & 0{,}4 & 0 \end{pmatrix}$$

angegeben wird, und erkläre die Bedeutung der Parameter a und b.

b) Ein Laborversuch wird mit 1000 Eiern, aber ohne Insekten der Entwicklungsstufen I_1 und I_2 gestartet. Außerdem gelte $a = 10$ und $b = 5$.
Gib die spezielle Übergangsmatrix an und untersuche die Entwicklung der Population für die folgenden drei Wochen.

c) Nach vier Wochen besteht die in Teilaufgabe b) beobachtete Population aus 1000 Eiern, 20 Insekten der Entwicklungsstufe I_1 und 40 Insekten der Entwicklungsstufe I_2.
Durch einen einmaligen Pestizideinsatz werden 60 % der Eier und 60 % der Insekten jeder der beiden Entwicklungsstufen I_1 und I_2 vernichtet. Zudem geht den Insekten der beobachteten Population dauerhaft die Fähigkeit verloren, auf der Entwicklungsstufe I_1 unbefruchtete Eier zu legen.
Gib die zugehörige Übergangsmatrix an.

Lösungen

a) Es ist zu zeigen, dass die Übergangsmatrix $Ü_{a,b}$ die Populationsentwicklung beschreibt, die der Graph beschreibt. Dazu berechnet man das Matrix-Vektor-Produkt $Ü_{a,b} \cdot \vec{x}$.

Der Vektor $\vec{x} = \begin{pmatrix} x_1 \\ x_2 \\ x_3 \end{pmatrix}$ wird als «Populationsvektor» bezeichnet.

Es ist x_1 die Anzahl der Eier am Anfang, x_2 die Anzahl der I_1-Insekten am Anfang und x_3 die Anzahl der I_2-Insekten am Anfang. Das Produkt der Matrix mit dem Vektor ergibt dann die Anzahl Eier, der I_1 und der I_2-Insekten jeweils nach einer Woche an. Es ist:

$$Ü_{a,b} \cdot \begin{pmatrix} x_1 \\ x_2 \\ x_3 \end{pmatrix} = \begin{pmatrix} 0 & a & b \\ 0,1 & 0 & 0 \\ 0 & 0,4 & 0 \end{pmatrix} \cdot \begin{pmatrix} x_1 \\ x_2 \\ x_3 \end{pmatrix} = \begin{pmatrix} ax_2 + bx_3 \\ 0,1x_1 \\ 0,4x_2 \end{pmatrix}$$

Nach einer Woche sind also $ax_1 + bx_2$ Eier vorhanden. Diese Aussage stimmt mit dem Graphen überein, da jedes I_1-Insekt durchschnittlich a Eier und jedes I_2-Insekt b Eier legt. Dieser Vorgang wird durch die beiden Pfeile beschrieben, die bei E enden.
Es sind außerdem nach einer Woche $0,1x_1$ I_1-Insekten vorhanden. Auch diese Aussage stimmt mit dem Graphen überein, da sich aus jedem Ei durchschnittlich $0,1$ I_1-Insekten entwickeln. Schließlich sind nach einer Woche $0,4x_2$ I_2-Insekten vorhanden. Auch dies stimmt mit dem Graphen überein: Aus jedem I_1-Insekt gehen durchschnittlich $0,4$ I_2-Insekten hervor.
Der Parameter a gibt die durchschnittliche Menge an Eiern an, die von einem I_1-Insekt pro Woche gelegt wird. Der Parameter b gibt die durchschnittliche Menge an Eiern an, die ein I_2-Insekt pro Woche legt.

b) Um die spezielle Übergangsmatrix $Ü_{10,5}$ anzugeben, werden die Parameter a und b durch die konkreten Zahlen ersetzt:

$$Ü_{10,5} = \begin{pmatrix} 0 & 10 & 5 \\ 0,1 & 0 & 0 \\ 0 & 0,4 & 0 \end{pmatrix}$$

Da ohne I_1- und I_2-Insekten gestartet wird, enthält der Startvektor nur einen Eintrag in der ersten Zeile. Er lautet: $\begin{pmatrix} 1000 \\ 0 \\ 0 \end{pmatrix}$. Die Anzahl der Eier und Insekten der zwei

Stufen nach einer Woche erhält man durch Berechnung des Matrix-Vektor-Produkts:

$$\begin{pmatrix} 0 & 10 & 5 \\ 0,1 & 0 & 0 \\ 0 & 0,4 & 0 \end{pmatrix} \cdot \begin{pmatrix} 1000 \\ 0 \\ 0 \end{pmatrix} = \begin{pmatrix} 0 \\ 100 \\ 0 \end{pmatrix}$$

Nach einer Woche sind also 100 I_1-Insekten vorhanden. Multipliziert man die Übergangsmatrix $Ü_{10,5}$ nun mit diesem Vektor, erhält man die Verteilung der Population nach der zweiten Woche:

$$\begin{pmatrix} 0 & 10 & 5 \\ 0,1 & 0 & 0 \\ 0 & 0,4 & 0 \end{pmatrix} \cdot \begin{pmatrix} 0 \\ 100 \\ 0 \end{pmatrix} = \begin{pmatrix} 1000 \\ 0 \\ 40 \end{pmatrix}$$

Nach zwei Wochen sind demnach 1000 Eier und 40 I_2-Insekten vorhanden. Für die dritte Woche berechnet man

$$\begin{pmatrix} 0 & 10 & 5 \\ 0,1 & 0 & 0 \\ 0 & 0,4 & 0 \end{pmatrix} \cdot \begin{pmatrix} 1000 \\ 0 \\ 40 \end{pmatrix} = \begin{pmatrix} 200 \\ 100 \\ 0 \end{pmatrix}$$

Nach drei Wochen besteht die Population also aus 200 Eiern und 100 I_1-Insekten.

Seite 54

Mit [HOME], Matrix, [ooo], MatA wird das Fenster für die Matrixdefinition Matrix aufgerufen.

Matrix-Größe?
Zeilen :2 ▸
Spalten :2 ▸
Bestätigen

Du gibst wählst bei Zeilen und Spalten jeweils 3 aus und bestätigst mit [EXE].

1 Zeile
2 Zeilen
3 Zeilen
4 Zeilen

Du gibst nun die Koeffizienten ein und verlässt die Eingabe anschließend mit [⮌] oder[AC].

MatA=
0 10 5
0,1 0 0
0 0,4 0
0

Nun nutzt du [ooo] und MatB, um das Fenster für die Definition von Matrix B aufzurufen.

Matrix-Größe?
Zeilen :2 ▸
Spalten :2 ▸
Bestätigen

Du definierst den Startvektor als 3 × 1-Matrix und bestätigst die Eingabe mit [EXE].

Du gibst nun die Koeffizienten ein und verlässt die Eingabe anschließend mit [↶] oder[AC].

Nun kannst du die beiden Matrizen mit mit [CATALOG] und Matrix aufrufen und einfügen.

Das Ergebnis wird rechts angezeigt, für die weiteren Multiplikationen kannst du mit [∘∘∘] die Matrix Mat B, d.h. den Vektor bearbeiten und die Koeffizienten anpassen.

c) Für die Einträge in der Übergangsmatrix sind die konkreten Bestände nicht relevant, daher bewirkt der Pestizideinsatz bei der Übergangsmatrix nur eine Änderung in Bezug auf die Fähigkeit, Eier legen zu können. Da die I_1-Insekten keine Eier mehr legen können, muss für die variierte Übergangsmatrix $a = 0$ gelten, d.h.

$$\text{Ü}_{0,5} = \begin{pmatrix} 0 & 0 & 5 \\ 0,1 & 0 & 0 \\ 0 & 0,4 & 0 \end{pmatrix}$$

17.5 Stochastik – Baumarkt

Eine Erhebung über einen längeren Zeitraum hat ergeben, dass 15 % der Besucher einen Baumarkt verlassen, ohne einen Einkauf getätigt zu haben. Die Firmenleitung erweitert aus diesem Grund das Angebot. Sie vermutet, dass sich der Anteil der Baumarktbesucher, die nichts kaufen, verringert hat. Zur Erfolgskontrolle wird das Einkaufsverhalten von 100 zufällig ausgewählten Besuchern erfasst.

a) Berechne die Wahrscheinlichkeit dafür, dass weniger als 12 der erfassten Besucher ohne Einkauf aus dem Baumarkt gehen, vorausgesetzt, dass sich das Einkaufsverhalten nicht geändert hat.

b) Die Vermutung der Firmenleitung soll auf dem Signifikanzniveau von 5 % getestet werden.
Entwickle einen geeigneten Hypothesentest und gib die Entscheidungsregel an.

Lösung

a) Man legt X als Zufallsvariable für die Anzahl der Personen unter 100 zufällig ausgewählten Baumarktbesuchern fest, welche das Geschäft verlassen, ohne einen Einkauf getätigt zu haben. Unter der Voraussetzung, dass sich das Einkaufsverhalten trotz des erweiterten Angebotes nicht verändert hat und die Einkäufer unabhängig voneinander agieren, ist X binomialverteilt mit $n = 100$ und Trefferwahrscheinlichkeit $p = 0,15$.
Die Wahrscheinlichkeit, dass weniger als 12 der 100 erfassten Besucher ohne Einkäufe aus dem Fachmarkt gehen, erhält man mit Hilfe des Rechners:

$$P(X < 12) = P(X \leqslant 11) \approx 0,163 \approx 16,3\,\%$$

Mit einer Wahrscheinlichkeit von etwa 16,3% gehen weniger als 12 der erfassten Besucher ohne Einkauf aus dem Baumarkt.

Seite 25

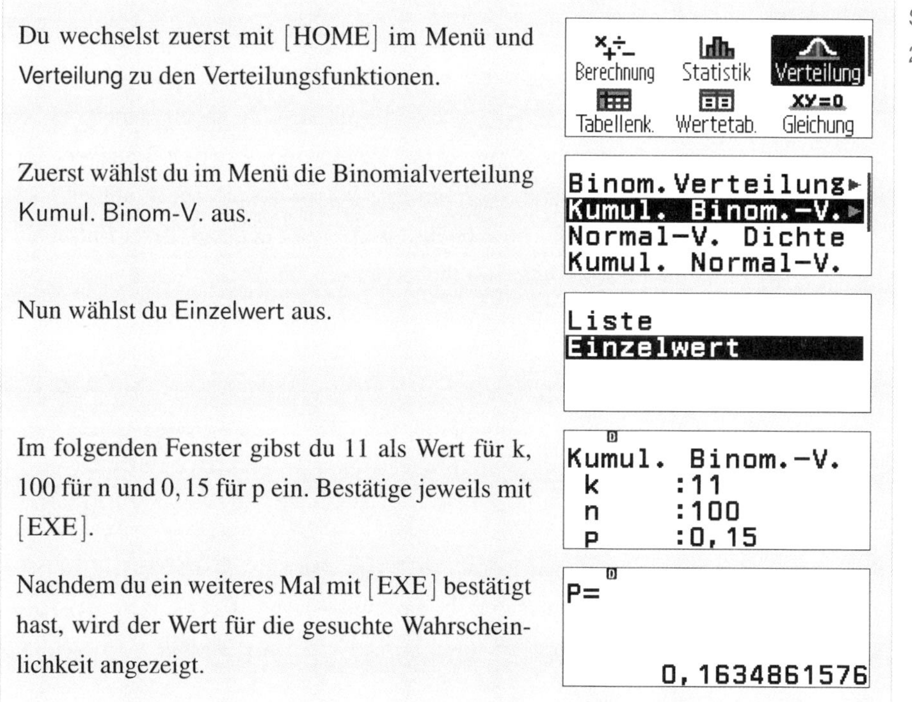

Du wechselst zuerst mit [HOME] im Menü und Verteilung zu den Verteilungsfunktionen.

Zuerst wählst du im Menü die Binomialverteilung Kumul. Binom-V. aus.

Nun wählst du Einzelwert aus.

Im folgenden Fenster gibst du 11 als Wert für k, 100 für n und 0,15 für p ein. Bestätige jeweils mit [EXE].

Nachdem du ein weiteres Mal mit [EXE] bestätigt hast, wird der Wert für die gesuchte Wahrscheinlichkeit angezeigt.

b) Um zu überprüfen, ob die Vermutung der Firmenleitung gerechtfertigt ist, dass sich der Anteil der Nicht-Käufer verringert hat, verwendet man einen Hypothesentest.
Man legt wieder X als Zufallsvariable für die Anzahl der Personen unter 100 zufällig ausgewählten Baumarktbesuchern fest, welche das Geschäft verlassen, ohne einen Einkauf getätigt zu haben. X ist binomialverteilt mit $n = 100$ und Trefferwahrscheinlichkeit $p = 0,15$.

Die Nullhypothese lautet in diesem Fall: «Der Anteil der Nicht-Käufer hat sich nicht verändert», also: $H_0: \ p = 0,15$ mit der Irrtumswahrscheinlichkeit $\alpha = 5\%$. Die Alternativ-hypothese lautet: $H_1: p < 0,15$.

Wegen $H_1: p < 0,15$ handelt es sich um einen linksseitigen Hypothesentest .

Für die Entscheidungsregel ist deshalb ein maximales $k \in \mathbb{N}$ und damit ein Ablehnungsbereich $\overline{A} = \{0,...,k\}$ der Nullhypothese so zu bestimmen, dass gilt:

$$P(X \leqslant k) \leqslant 0,05$$

Für $n = 100$ und $p = 0,15$ erhält man mit Hilfe einer Liste:

$$P(X \leqslant 8) \approx 0,027$$

$$P(X \leqslant 9) \approx 0,055$$

Also ist $k = 8$ das maximale $k \in \mathbb{N}$ und man erhält damit den Ablehnungsbereich $\overline{A} = \{0;..;8\}$ und dementsprechend den Annahmebereich $A = \{9;...;100\}$.

Daraus ergibt sich die folgende Entscheidungsregel: Werden unter den 100 zufällig ausgewählten Besuchern weniger als 9 angetroffen, die nichts kaufen, so wird die Nullhypothese verworfen und die Hypothese der Firmenleitung angenommen, d.h. dass sich der Anteil der Nicht-Käufer verringert hat. Werden mindestens 9 Besucher angetroffen, die nichts kaufen, so wird die Nullhypothese $H_0: \ p = 0,15$ angenommen.

Mit einer Wahrscheinlichkeit von höchstens 5 % gibt man bei dieser Entscheidungsregel der Firmenleitung hierbei irrtümlicherweise recht.

Um das gesuchte k zu bestimmen, kannst du die Listenfunktion der Binomialverteilung benutzen:

Seite 25

Du rufst die Funktion der kumulierten Binomialverteilung Kumul. Binom. – V auf, wählst in diesem Fall aber Liste.

In die Tabelle gibst du die Werte für k ein. Aus Teil a) folgt, dass k kleiner als 11 sein muss, da $P(X \leqslant 11) \approx 0,163$. Starte z.B. mit $k = 5$.

Du bestätigst ein weiteres Mal mit [EXE] und gibst die Werte für n und p ein. Bestätige mit [EXE].

Die Berechnung kann einige Sekunden dauern. Anhand der Tabelle kannst du sehen, dass für $k = 9$ der Wert von $0,05$ überschritten wurde.

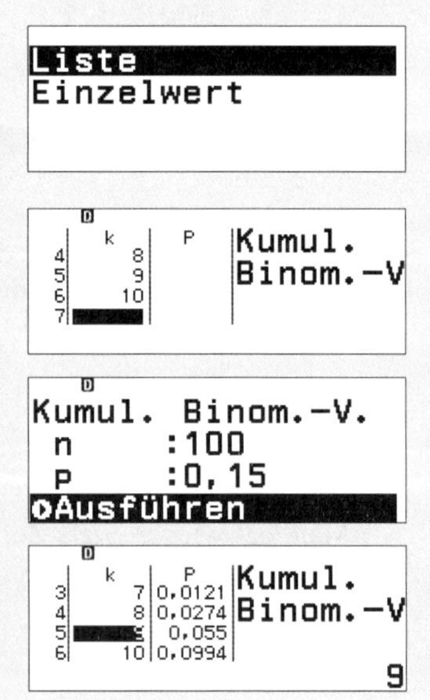

17.6 Finanzmathematik 1

Der Besitzer einer kleinen Firma benötigt eine neue Maschine, die 90000 € kostet. Er möchte deshalb einen Kredit in der gleichen Höhe aufnehmen. Er holt sich Angebote bei zwei Banken ein.

a) Bank A bietet ihm einen Kredit mit jährlicher Ratentilgung mit einer jährlichen Tilgung von 7500 € und einer Laufzeit von 12 Jahren. Der jährliche Zins beträgt 6%.

   Berechne, wie viel Geld der Unternehmer in diesem Kredit im sechsten und zehnten Jahr bezahlen müsste.
   Bank B schlägt einen Kredit mit Annuitätentilgung vor. Dieser hat ebenfalls eine Laufzeit von 12 Jahren und der jährliche Zins beträgt 5,5%.

   Berechne den jährlichen Betrag, den der Unternehmer bezahlen müsste.
   Bestimme die Restschuld, die nach 1 bzw. 5 Jahren noch vorhanden ist. Wie hoch ist der Betrag, der dazwischen getilgt wurde? (Zwischenergebnis: Die Annuität von B ist 10442,63 €)

b) Der Unternehmer möchte die beiden Kredite in einigen Aspekten vergleichen
   In welchem Jahr ist die Tilgungsrate bei dem von Bank B angebotenen Kredit erstmals höher als bei dem von Bank A?
   In welchem Jahr ist die Annuität bei dem Kredit von Bank A zum ersten Mal niedriger als bei Bank B?

c) Bei dem Modelltyp der Maschine, die sich der Besitzer der Firma gekauft hat, werden jährlich 10% vom aktuellen Buchwert abgeschrieben.
   Bestimme den Betrag, der nach dem dritten Jahr vom Buchwert abgeschrieben wird.
   Wie hoch ist der verbleibende Buchwert nach 12, 15 und 18 Jahren?

Lösung

a) Für den Kredit von Bank A ist die Annuität im sechsten und zehnten Jahr gesucht. Die Formel, um eine Annuität in einem Kredit mit Ratentilgung zu berechnen lautet:

$$\mathrm{A} = \mathrm{T} \cdot (1 + (n - k + 1) \cdot p)$$

Hier ist die Tilgungsrate T $= 7500$ €, die Laufzeit $n = 12$, der Zinssatz $p = 6\% = 0{,}06$ und das gesuchte Jahr $k = 6$. Setzt man diese Werte in die Formel ein, erhält man

$$\mathrm{A}_6 = 7500 \cdot (1 + (12 - 6 + 1) \cdot 0{,}06) = 10650$$

Die Annuität im sechsten Jahr beträgt also 10650 €.
Für das zehnte Jahr erhält man entsprechend:

$$\mathrm{A}_{10} = 7500 \cdot (1 + (12 - 10 + 1) \cdot 0{,}06) = 8850$$

Die Annuität im zehnten Jahr beträgt also 8850 €.
Der Kredit, den Bank B anbietet, ist ein Kredit mit Annuitätentilgung, das bedeutet die Annuität A ist jedes Jahr gleich. Um sie zu berechnen, gibt es die Formel

$$\mathrm{A} = \mathrm{S} \cdot q^n \cdot \frac{q - 1}{q^n - 1}$$

Die Schuldenhöhe S beträgt 90000 €, die Laufzeit ist $n = 12$. Es ist $q = 1 + p = 1 + 0{,}055 = 1{,}055$. Damit erhält man mit der Formel

$$\mathrm{A} = 90000 \cdot 1{,}055^{12} \cdot \frac{1{,}055 - 1}{1{,}055^{12} - 1} \approx 10442{,}63$$

Bei diesem Kredit müsste der Unternehmer jährlich 10442,63 € bezahlen.

Die Restschuld nach x Jahren berechnet sich mit der Formel

$$S \cdot \frac{q^n - q^x}{q^n - 1}$$

Setzt man die Werte von S, q und n ein und für $x = 1$ bzw. $x = 5$, ergibt sich

$$90000 \cdot \frac{1{,}055^{12} - 1{,}055^1}{1{,}055^{12} - 1} \approx 84507{,}37$$

und

$$90000 \cdot \frac{1{,}055^{12} - 1{,}055^5}{1{,}055^{12} - 1} \approx 59345{,}13$$

Die Restschuld beträgt demnach nach einem Jahr etwa 84507 € und nach fünf Jahren 59345 €. Um den Betrag zu berechnen, der in der Zwischenzeit getilgt wird, subtrahiert man die beiden Beträge voneinander und erhält $84507{,}37 - 59345{,}13 = 25162{,}24$.

Um bei Bank A die verschiedenen Annuitäten zu berechnen, ist es geschickt, nach der ersten Berechnung [◄] zu nutzen und den Wert zu ändern.

7500×(1+(12−10|+1)▸

Auch bei der Berechnung der Restschuld, ist es geschickt, nach der ersten Berechnung die [◄]-Taste zu nutzen, und den Wert direkt zu ändern.

$90000\times\frac{1,055^{12}-1,05}{1,055^{12}-1}$

84507,36919

Auf diese Weise kannst du die Werte ohne Aufwand berechnen.

$90000\times\frac{1,055^{12}-1,05}{1,055^{12}-1}$

59345,12749

b) Der Kredit von Bank A hat jedes Jahr eine konstante Tilgungsrate von 7500 €, bei dem von Bank B steigt die Tilgungsrate mit jedem Jahr an. Die Tilgungsrate im x-ten Jahr berechnet sich mit

$$\mathrm{T}_x = 90000 \cdot 0,055 \cdot \frac{1,055^{x-1}}{1,055^{12}-1}$$

Setzt man diesen Term mit 7500 gleich, erhält man den Wert $x \approx 6,82$, an dem die beiden Tilgungsraten gleich sind. Am Ende des siebten Jahres ist die Tilgungsrate bei

Du kannst die Gleichung mit der Funktion Allgemeine Lösung des Taschenrechners lösen. Rufe diese mit [HOME] und Gleichung auf.

Gleichungssyst.
Polynom-Gleich.
Allgemeine Lösung

Seite 45

Nun gibst du die Gleichung ein. Nutze die Taste [x].

Gleichung eingeben

Für das Gleichheitszeichen nutzt du S [=]. Schließe die Eingabe mit [EXE] ab.

$◂5\times\frac{1,055^{x-1}}{1,055^{12}-1}=7500$

Als Startwert eignet sich z.B. 5, da dieser Wert recht mittig zwischen 1 und 12 liegt.

Startwert eingeben
x =5
Ausführen

Du bestätigst mit [EXE] und der Rechner gibt dir nach einer kurzen Zeit die Lösung aus.

$90000\times0,055\times\frac{1,05}{1,055}$

x= 6,817915914
L−R= 0

Mit der Annuität verhält es sich genau umgekehrt wie mit der Tilgungsrate. Beim Kredit von Bank B ist die Annuität konstant 10442,63 € und bei Bank A sinkt sie jährlich. Sie berechnet sich im x-ten Jahr mit

$$7500 \cdot (1 + (12 - x + 1) \cdot 0,06)$$

Setzt man den Term mit 10442,63 gleich und löst nach x auf, erhält man den x-Wert $x \approx 6,46$, an dem die Annuitäten der beiden Kredite gleich sind, also ist sie nach dem siebten Jahr erstmals bei Bank A niedriger.

Seite 45

Hier kannst du analog vorgehen wie in der letzten Berechnung und Allgemeine Lösung nutzen.

Du gibst den Term und einen Startwert, z.B. $x = 5$ ein und erhältst damit das nebenstehende Ergebnis.

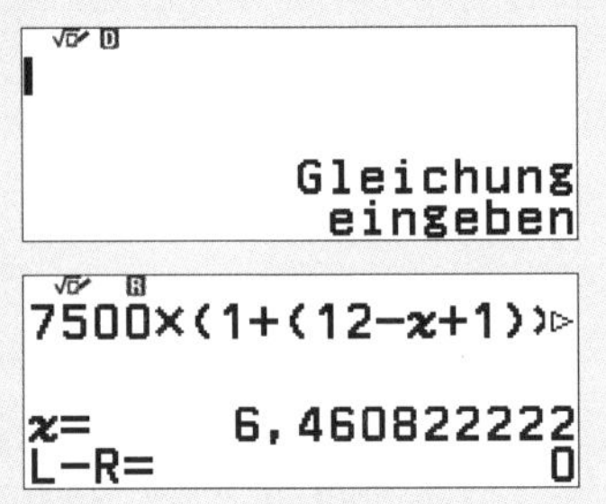

c) Die Abschreibung vom Buchwert im n-ten Jahr berechnet sich mit

$$\mathrm{A} \cdot \alpha(1 - \alpha)^{n-1}$$

Der Neuwert der Maschine ist A = 90 000, die jährliche Abschreibung beträgt

$$\alpha = 10\% = 0,1$$

und die Abschreibung im dritten Jahr ist gesucht. Also ergibt sich

$$90000 \cdot 0,1 \cdot (1 - 0,1)^{3-1} = 9000 \cdot 0,9^2 = 7290$$

Im dritten Jahr werden 7290 € vom Buchwert abgeschrieben.
Der Buchwert nach x Jahren wird mit folgender Rechnung bestimmt:

$$A \cdot (1 - \alpha)^x = 90000 \cdot 0,9^x$$

Setzt man $x = 12$ ein, ergibt sich ein Buchwert von etwa 25 418 €, für $x = 15$ ist der Buchwert 18530 € und für $x = 18$ beträgt er 13508 €.

Seite 38

Mit einer Wertetabelle kannst du mehrere Werte einer Funktion schnell und einfach bestimmen. Wähle dafür unter [HOME] die Wertetabellenfunktion.

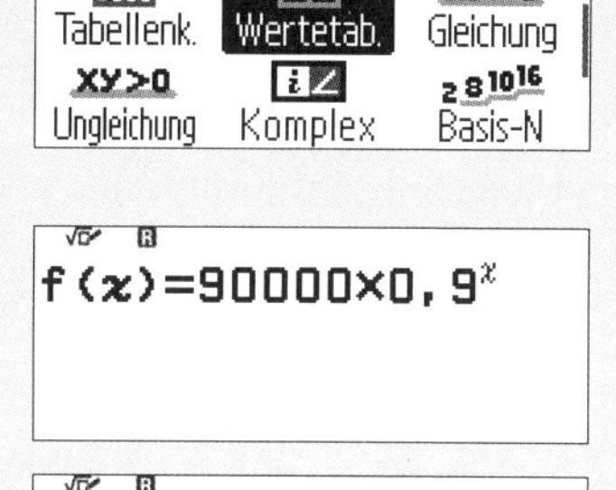

Du nutzt [ooo] und gibst für $f(x)$ die Formel für die Bestimmung des Buchwerts nach x Jahren ein. ein, nutze die Taste $[x]$. Bestätige mit [EXE].

```
f(x)=90000×0,9^x
```

Nutze wieder [ooo] um den Tabellenbereich zu definieren. Es interessieren uns nur Werte zwischen 12 und 18. Wenn du als Schrittgröße 3 eingibst, erhältst du genau die drei Werte, die du benötigst, und kannst sie direkt ablesen.

```
Tabellenbereich
 Start:12
 Ende :18
 Inkre:3
```

Nachdem du mit [EXE] bestätigt hast, wird die Wertetabelle angezeigt.

	x	f(x)	g(x)
1	12	25418	
2	15	18530	
3	18	13508	
4			

12

17.7 Finanzmathematik 2

Eine Bank-Kundin hat ein Girokonto, bei dem jährlich zu Jahresende die Zinsen abgerechnet werden, mit einem Sollzinssatz von 4%.
Im Moment ist ihr Kontostand bei −500,-€.

a) Wie ist der Kontostand in 3 Jahren, wenn die Frau nichts in das Konto einzahlt oder abhebt? Wie ist er in 7 Jahren?
Wie hoch wäre der Kontostand in 3 Jahren, wenn sie vor der nächsten Zinsenabrechnung 100,- € auf das Konto einzahlen würde? Wie wäre er, wenn sie 100 € abheben würde?

b) Die Kundin möchte gerne in 4 Jahren auf ihrem Konto schuldenfrei sein. Sie kann zum Anfang der beiden folgenden Jahre jeweils 120 € auf das Konto einzahlen, zu Beginn der beiden Jahre darauf sogar jeweils 150 €. Wie weit ist sie dann in 4 Jahren von ihrem Ziel entfernt, einen Kontostand von 0 € zu erreichen?
Wie hoch dürfte der Sollzinssatz auf ihrem Konto höchstens sein, damit sie mit diesen vier Einzahlungen in vier Jahren schuldenfrei wäre?

c) Die Bank macht der Frau folgendes Angebot: Die Bank würde einen bestimmten Betrag noch vor der nächsten Zinsenabrechnung auf ihr Konto überweisen und dafür würde der Sollzins erhöht. Wie hoch müsste dieser Betrag sein, damit die Kundin bei einem Sollzins von 5%, 6% oder 7% in 4 Jahren schuldenfrei wäre?

Lösung

a) Die Verzinsung mit Zinseszins berechnet sich mit des Terms

$$\mathrm{B} \cdot q^n$$

q ist hier $1+0,04=1,04$. Für die erste Rechnung setzt man $\mathrm{B}=-500$ ein und $n=3$, da man den Kontostand in 3 Jahren berechnen will. Dann ergibt sich ein neuer Kontostand von $-562,43$ €. Bei der zweiten Rechnung bleibt $\mathrm{B}=-500$, aber man setzt $n=7$ ein und erhält $-657,97$€ als neuen Kontostand.
Wenn die Frau 100 € einzahlen würde, wäre $\mathrm{B}=-400$. Man sucht wieder den Kontostand nach 3 Jahren, also ist $n=3$ und der neue Kontostand wäre $-449,95$€. Für die letzte Rechnung behält man $n=3$ und setzt $\mathrm{B}=-600$ ein, was einen Kontostand von $-674,92$ ergibt.

Ab effizientensten ist es, wenn du einen Term mit veränderbaren Größen eingibst. Dafür tippst du $\mathrm{A} \cdot 1,04^{\mathrm{B}}$ ein und kannst dann jeweils für A und B die passenden Startbeträge und Laufzeiten eingeben.
Mit der [VARIALBE]-Taste kannst du jetzt für A den Wert -500 einsetzen und für B den Wert 3. Du bestätigst deine Eingabe jeweils mit [EXE].

Wenn du noch einmal auf [EXE] tippst, erscheint das Ergebnis als Bruch. Mit [FORMAT] kannst du es in eine Dezimalzahl umwandeln, oder du nutzt S[≈].
Für die anderen Rechnungen nutzt du jeweils wieder [VARIALBE] und gibst die gewünschten Werte für A und B ein.

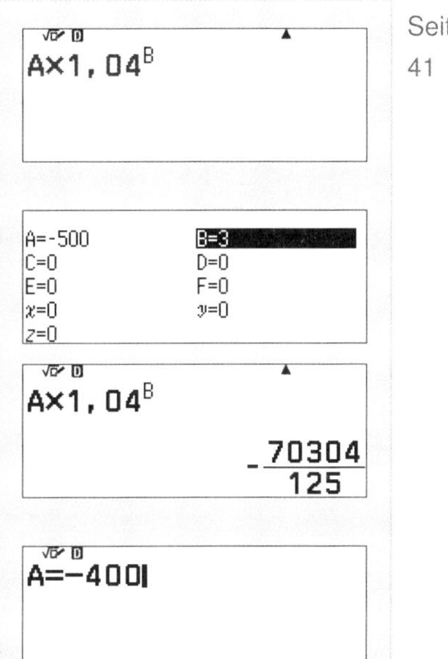

Seite 41

b) Den Kontostand nach 4 Jahren mit den jährlichen Zahlungen berechnet man wie folgt:

$$-500 \cdot 1,04^4 + 120 \cdot 1,04^3 + 120 \cdot 1,04^2 + 150 \cdot 1,04 + 150 = -\frac{8846}{625} \approx -14,15$$

Der Frau fehlen so also noch 14,15€ zur Schuldenfreiheit in 4 Jahren.

Seite 41

Du definierst die Variable x mit [VARIABLE] wie folgt: $x = 1,04$, dann kannst du in der Rechung die Taste $[x]$ benutzen, um den sich wiederholenden Wert einzugeben.

x=1,04

Nun bestätigst du mit [EXE]. Das Egebnis wird zuerst als Bruch angezeigt, mit [FORMAT] änderst du die Darstellung zu einer Dezimalzahl.

-500×x⁴+120×x³+12▷

$-\frac{8846}{625}$

Um den höchsten Zinssatz zu erhalten, mit dem die Frau in 4 Jahren einen Kontostand von 0 € erreicht, berechnet man den internen Zinsfuß der Zahlungsreihe von zweimal 120 € und zweimal 150 €. Dafür löst man die Gleichung

$$-500 + \frac{120}{q} + \frac{120}{q^2} + \frac{150}{q^3} + \frac{150}{q^4} = 0$$

Es ergibt sich $q \approx 1,030$. Also ist $p = 0,03 = 3\%$ der höchste Zinssatz, mit dem die Frau in 4 Jahren Schuldenfreiheit erlangen würde.

Seite 45

Du kannst die Gleichung mit der Funktion Allgemeine Lösung des Taschenrechners lösen. Rufe diese mit [HOME] und Gleichung auf.

Gleichungssyst.
Polynom-Gleich.
Allgemeine Lösung

Nun gibst du die Gleichung ein. Anstatt q nutzt du $[x]$.

Gleichung eingeben

Für das Gleichheitszeichen nutzt du $^S[=]$. Schließe die Eingabe mit [EXE] ab.

$\blacktriangleleft + \frac{120}{x^2} + \frac{150}{x^3} + \frac{150}{x^4} = 0$

Da die Werte von q meistens etwas größer als 1 sind, wählst du 1 als Startwert.

Startwert eingeben
x =1
▷Ausführen

Mit [EXE] bestätigst du und erhältst das Ergebnis.

$-500 + \frac{120}{x} + \frac{120}{x^2} + \frac{150}{x^3}$ ▷

x= 1,030128555
L−R= 0

Alternativ kannst du die Gleichung auch mit q^4 multiplizieren, sie wird zu einer Polynomgleichung vierten Grades. Diese kannst du mit Polynom – Gleich. lösen lassen.

Wähle die Gleichung mit Grad 4 und gib dann die passenden Koeffizienten ein. Mit [EXE] gibt dir der Rechner die erste Lösung aus.

Wenn du erneut [EXE] drückst, werden weitere Lösungen angezeigt. Es ist aber nur die erste Lösung größer als 1 und kommt deshalb für q in Frage.

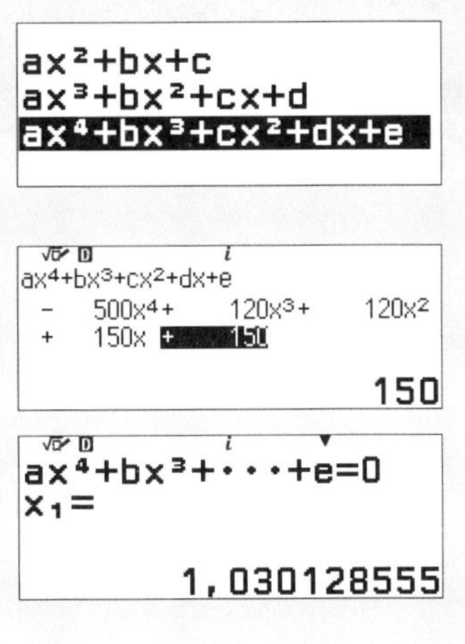

c) Hier ist der Kapitalwert für verschiedene Zinsfüße gesucht. Dieser wird, in Abhängigkeit von q, berechnet durch

$$G(q) = -500 + \frac{120}{q} + \frac{120}{q^2} + \frac{150}{q^3} + \frac{150}{q^4}$$

Setzt man den Sollzins 5% ein, also $q = 1,05$, erhält man das Ergebnis -23,88, die Bank müsste dann also 23,88 € auf das Konto einzahlen, damit die Frau in 4 Jahren keine Schulden mehr hat. Mit dem Zinssatz 6%, also $q = 1,06$, müsste die Bank 35,23 € einzahlen und mit 7%, also $q = 1,07$, wären es 46,15 €.

Seite 38

Wir suchen hier mehrere Werte einer Funktion. Diese kannst du dir unter dem Menüpunkt Wertetab. in einer Wertetabelle anzeigen lassen.

Du nutzt [ooo] und gibst für $f(x)$ die Formel für $G(q)$ ein, mit [x] anstelle von q. Mit [EXE] bestätigst du deine Eingabe.

Uns interessieren nur Werte von q zwischen 1,05 und 1,07. Das heißt du kannst diese mit [ooo] als Start- und Endwert wählen. Für die Schrittweite setzt du 0,01 ein.

Mit [EXE] bestätigst du wieder deine Eingabe und erhältst die Wertetabelle. Aus dieser kannst du die nötigen Werte direkt ablesen.

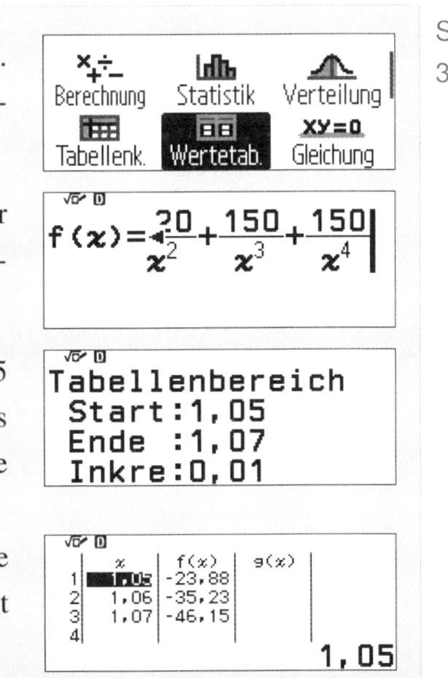

17.8 Komplexe Zahlen – Schwebung

Wir betrachten eine vertikale Schwingung. Diese wird durch den Realteil der komplexen Funktion

$$z(t) = 3e^{i24\pi t}$$

beschrieben (t in s nach Beobachtungsbeginn, $z(t)$ in mm). Die t-Achse stellt dabei die Ruheposition dar.

a) Wo befindet sich das schwingende Element 2,1 s nach Beobachtungsbeginn?
Bestimme die Amplitude, Periode und Frequenz der Schwingung.
(Zwischenergebnis: $f = 12\text{Hz}$.)
Bestimme mit diesem Wissen die Nullstellen und Extremstellen der Schwingung und skizziere ihren Graphen für t im Intervall [0 ; 0,25].
(Zwischenergebnis: Hochpunkte $t = \frac{k}{12}$, $k \in \mathbb{Z}$; Tiefpunkte $t = \frac{1}{24} + \frac{k}{12}$, $k \in \mathbb{Z}$; Nullstellen $t = \frac{1}{48} + \frac{k}{24}$, $k \in \mathbb{Z}$.)

b) Jetzt wirken zwei verschiedene Schwingungen auf das gleiche Element ein. Diese beiden Schwingungen sind ungenau eingestellt: Anstatt 12 Hz hat die eine die Frequenz 11 Hz, die andere 13 Hz. Eine solche Situation wird in der Physik als Schwebung bezeichnet. Die Position des schwingenden Elements lässt sich wieder durch den Realteil einer komplexen Funktion darstellen. Diese ist die Summe der beiden Schwingungen:

$$\mathrm{S}\,(t) = 3e^{i26\pi t} + 3e^{i22\pi t} = 3e^{i24\pi t} \cdot \left(e^{i2\pi t} + e^{-i2\pi t}\right) = z\,(t) \cdot \left(e^{i2\pi t} + e^{-i2\pi t}\right)$$

Berechne einige Werte für den Term $e^{i2\pi t} + e^{-i2\pi t}$. Beschreibe, was dir auffällt. Was kannst du dann mit deinem Wissen zu $z(t)$ über die Null- und Extremstellen von $\mathrm{S}\,(t)$ aussagen?
Skizziere damit den Realteil von $\mathrm{S}\,(t)$ für t im Intervall [0 ; 0,25] und vergleiche ihn mit dem Realteil von $z(t)$ aus der ersten Teilaufgabe.

Lösung

a) Um die Position des schwingenden Elements nach 2,1 s zu bestimmen, setzt man in den Funktionsterm von $z(t)$ für $t = 2,1$ ein und bestimmt den Realteil des Ergebnisses:

$$3e^{i24\pi\cdot 2,1} \approx 0,93 + 2,85i$$

Der Realteil der komplexen Zahl beträgt 0,93. Also ist die Position nach 2,1 s knapp 1 mm oberhalb der Ruheposition.

Seite 50

Bevor du mit der Berechnung der Aufgabe beginnst, stellst du sicher, dass die Winkeleinheit unter [SETTINGS], Recheneinstellungen und Winkeleinheit auf Bogenmaß eingestellt ist.

Gehe jetzt im Menu in den Komplexe Zahlen-Modus. Dann kannst du mithilfe der S [i]-Taste komplexe Zahlen eingeben.

Jetzt gibst du den zu berechnenden Term als Polarkoordinaten ein. Nutze [CATALOG] und Komplex. Achte darauf, dass du den Term im Exponenten in Klammern setzt, sonst berechnet der Taschenrechner das falsche Ergebnis.

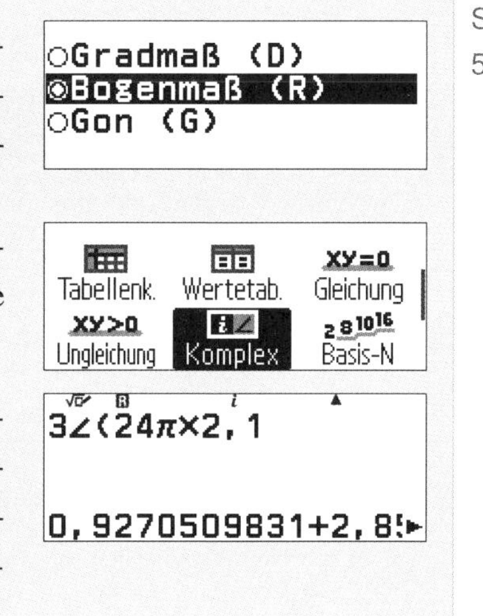

Um die Amplitude und Periode der Funktion zu berechnen, erinnert man sich, dass die Funktion

$$e^{it}$$

den Einheitskreis umläuft. Dort hat der Realteil die Amplitude 1.

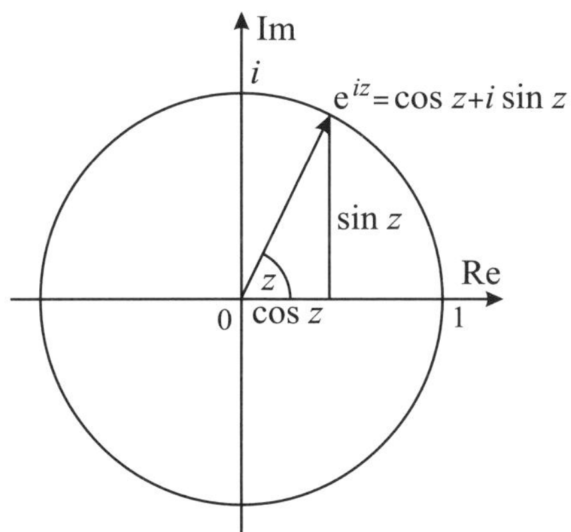

Die Funktion $z(t)$ hat den Vorfaktor 3, die Amplitude verdreifacht sich also. Damit hat der Realteil von $z(t)$ die Amplitude 3.
Die Funktion e^{it} hat die Periode 2π. Da die Funktion $z(t)$ im Exponenten den Vorfaktor 24π hat, wird die Periode dadurch geteilt:

$$p = \frac{2\pi}{24\pi}s = \frac{1}{12}s$$

Die Frequenz berechnet sich wie folgt:

$$f = \frac{1}{p} = 12\,\text{Hz}$$

Um die Null- und Extremstellen des Realteils von $z(t)$ zu berechnen, macht man sich die periodischen Eigenschaften zunutze. $z(t)$ hat keine Phasenverschiebung im Exponenten, demnach beginnt der Realteil bei einem Maximum und der erste Hochpunkt findet sich bei $t = 0$. Da Hochpunkte einmal in jeder Periode vorkommen, sind sie an den Stellen $t = \frac{k}{12}, k \in \mathbb{Z}$ zu finden. Der erste Tiefpunkt erscheint nach einer halben Periode, also bei $t = \frac{1}{24}$. Auch die Tiefpunkte kehren einmal in jeder Periode wieder und sind deshalb bei $t = \frac{1}{24} + \frac{k}{12}, k \in \mathbb{Z}$.
Die erste Nullstelle des Realteils erscheint nach der Hälfte der Zeit zwischen den ersten beiden Extremstellen, also bei $t = \frac{1}{48}$. Da in jeder Periode zwei Nullstellen vorkommen, sind diese bei $t = \frac{1}{48} + \frac{k}{24}, k \in \mathbb{Z}$ zu finden. Mit diesem Wissen kann man den Graphen des Realteils in Abhängigkeit von t skizzieren.

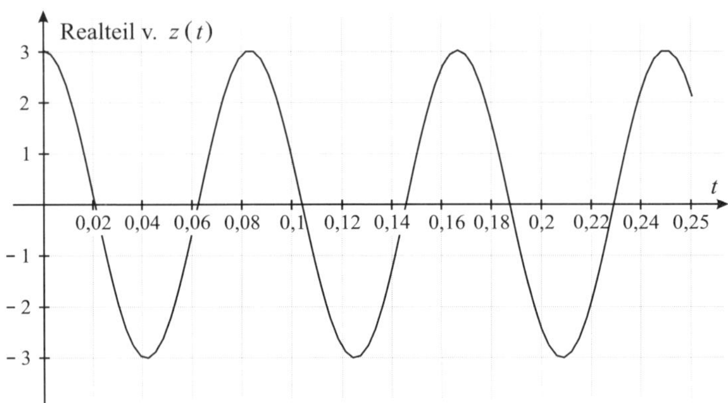

Betrachtet man das Schaubild, fällt auf, dass es aussieht wie der Graph einer vertikal gestreckten und horizontal gestauchten Kosinus-Funktion. Das ist nicht verwunderlich, wenn man bedenkt, dass man periodische Schwingungen auch als reelle trigonometrische Funktionen darstellen kann.

b) Man setzt verschiedene Werte für t in den Term

$$e^{i2\pi t} + e^{-i2\pi t}$$

ein, z.B. $\frac{1}{13}$, $\sqrt{2}$ und $\frac{e}{2}$. Dann erhält man

$$e^{i2\pi\cdot\frac{1}{13}} + e^{-i2\pi\frac{1}{13}} \approx 1,77$$

$$e^{i2\pi\cdot\sqrt{2}} + e^{-i2\pi\sqrt{2}} \approx -1,72$$

und

$$e^{i2\pi\cdot\frac{e}{2}} + e^{-i2\pi\frac{e}{2}} \approx -1,27$$

Seite 50

Du kannst den Term mit einer Variablen definieren, dann erhältst du verschiedenen Werte, indem du jeweils nur die Variable änderst. Dafür gibst du den Term als Polarkoordinaten in den Taschenrechner ein und anstelle von t benutzt du [x].
Du bestätigst und nutzt die [VARIABLE]-Taste und definierst die Variable x, hier z.B. $\frac{1}{13}$.

Du verlässt das Variablenfenster mit [⮌] und kannst die Berechnung mit [EXE] starten.
Ändere x, um weitere Werte zu berechnen.

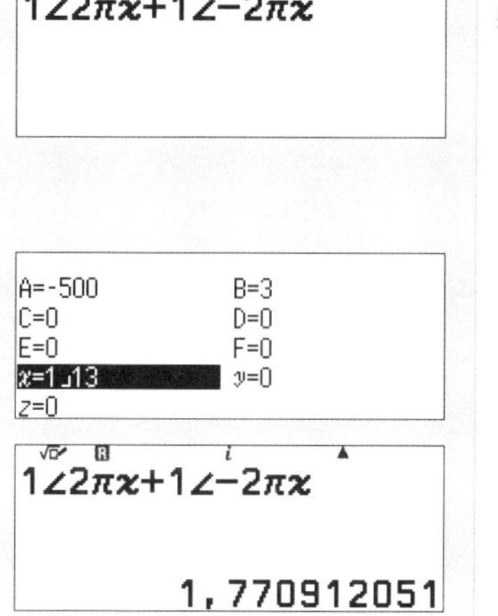

Wenn man die verschiedenen Werte betrachtet, fällt auf, dass sie alle reell sind, obwohl zwei komplexe Zahlen addiert werden. Tatsächlich sind $e^{i2\pi t}$ und $e^{-i2\pi t}$ zueinander komplex konjugiert, das heißt sie besitzen den gleichen Realteil und ihre Imaginärteile unterscheiden sich nur im Vorzeichen. Addiert man die beiden Zahlen, heben sich die Imaginärteile auf und es bleibt nur der doppelte Realteil, also eine reelle Zahl.
Für die Werte von $S(t)$ mit dem Funktionsterm

$$S(t) = z(t) \cdot \left(e^{i2\pi t} + e^{-i2\pi t}\right)$$

bedeutet dies, dass sie nur die Werte von $z(t)$ multipliziert mit einer reellen Zahl sind. Wenn der Realteil von $z(t)$ Null ist, dann ist auch der Realteil von $S(t)$ an der gleichen Stelle Null, und wenn der Realteil von $z(t)$ einen Extrempunkt hat, hat auch der Realteil von $S(t)$ einen Extrempunkt. Der Wert selbst ist zwar nicht der gleiche wie bei $z(t)$, er kann sogar ein anderes Vorzeichen haben, aber er bleibt in jedem Fall ein Extremum.

Mit diesem Wissen kann man den Realteil von $S(t)$ für t im Intervall $[0;\ 0,25]$ skizzieren, indem man die Werte des Realteils von $S(t)$ an den Stellen betrachtet, an denen der Realteil von $z(t)$ Null- und Extrempunkte hat. Die Nullstellen von $z(t)$ sind bei $t = \frac{1}{48} + \frac{k}{24}$, $k \in \mathbb{Z}$, im Intervall $[0;\ 0,25]$ sind es also die Stellen $\frac{1}{48}, \frac{3}{48}, \frac{5}{48}, \frac{7}{48}, \frac{9}{48}$ und $\frac{11}{48}$.

An diesen Stellen hat auch der Realteil von $S(t)$ Nullstellen. Die Extremstellen des Realteils von $z(t)$ befinden sich bei $t = \frac{k}{24}$, $k \in \mathbb{Z}$, also im gesuchten Intervall an den Stellen 0, $\frac{1}{24}, \frac{2}{24}, \frac{3}{24}, \frac{4}{24}, \frac{5}{24}$ und $\frac{6}{24} = 0,25$. Berechnet man die Funktionswerte von $S(t)$ an diesen Stellen und liest den Realteil ab, erhält man folgende Wertetabelle:

t	0	$\frac{1}{48} \approx 0,02$	$\frac{1}{24} \approx 0,04$	$\frac{3}{48} \approx 0,06$	$\frac{2}{24} \approx 0,08$
Realteil von $S(t)$	6	0	$-5,80$	0	5,20

t	$\frac{5}{48} \approx 0,1$	$\frac{3}{24} = 0,125$	$\frac{7}{48} \approx 0,15$	$\frac{4}{24} \approx 0,16$	$\frac{9}{48} \approx 0,19$
Realteil von $S(t)$	0	$-4,24$	0	3	0

t	$\frac{5}{24} \approx 0,21$	$\frac{11}{48} \approx 0,23$	0,25
Realteil von $S(t)$	$-1,55$	0	0

Damit kann man den Graphen des Realteils von $S(t)$ skizzieren.

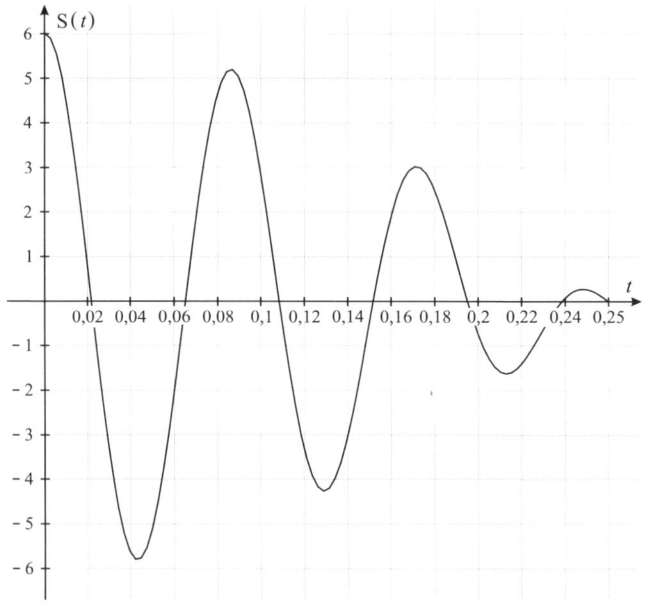

Im Vergleich sind die beiden Graphen immer noch recht ähnlich. $S(t)$ beschreibt genau wie $z(t)$ eine Art Schwingung mit Frequenz 12 Hz, allerdings ändert sich die Amplitude bei $S(t)$, während sie bei $z(t)$ immer gleich bleibt.

Seite 50

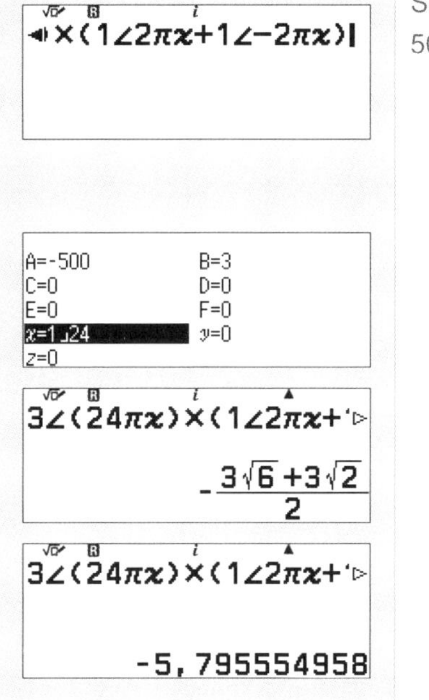

Der Taschenrechner kann für komplexe Zahlen zwar keine Wertetabellen erstellen, du kannst aber den Funktionsterm mit einer Variablen definieren um Werte zu berechnen. Dafür gibst du den Funktionsterm von $S(t)$ mit der Variable x anstatt t ein. Mit [CALC] wählst du einen Wert für x. Du bestätigst mit [EXE] und erhältst das Ergebnis.

Eventuell wird dir das Ergebnis in Bruchform angezeigt. Dann nutzt du die [FORMAT]-Taste, um das Ergebnis als Dezimalzahl darzustellen.

Hier ist das Ergebnis eine reelle Zahl, oft sind sie aber komplex. Dann notierst du dir für die Wertetabelle nur den Realteil aus der Darstellung $a+bi$.

18 Einstellungen

Für alle Eingaben gilt:

- Um eine Eingabe zu bestätigen, nutzt du [EXE] oder [OK]
- Um die Eingabe zu beenden nutzt du [AC]
- Um zur nächsthöheren Menüebene zurückzukehren, nutzt du die Taste [↶]

Die Einstellungen des Taschenrechners können im Einstellungsmodus geändert werden. In diesen gelangst du durch Drücken der Taste [SETTINGS].

18.1 Die Recheneinstellungen

Unter dem Menüpunkt Recheneinstellungen finden sich alle Einstellungen, die die Berechnungen betreffen.

Eingabe- und Ausgabeformate

Die Einstellungen der Ein- und Ausgabeformate Eingabe/Ausgabe rufst du bei den Einstellungen unter Recheneinstellungen auf.

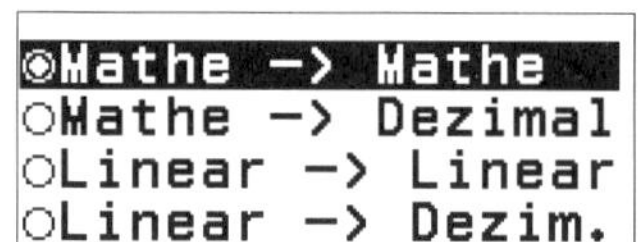

Der Rechner besitzt verschiedene Ausgabeformate: Das «Mathe-Format», das «Dezimal-Format» und das «Linear-Format». Ist das Mathe-Format (die sog. «natürliche Darstellung») aktiv, werden Brüche als Brüche ein- und ausgegeben. Irrationale Zahlen werden exakt ausgegeben, also z.B. als $\sqrt{2}$.

Im «Dezimal-Format» erfolgt die Ausgabe als Dezimalwert.

Im «Linear-Format» werden Brüche in einer Zeile eingegeben und dargestellt, irrationale Zahlen können als Bruch (Ausgabe Linear) oder als dezimale Näherungswerte (Ausgabe Dezimal) ausgegeben werden.

In der Regel wirst du – je nach Aufgabe die Formate Mathe --> Mathe oder Mathe --> Dezimal benutzen. z.B. eignet sich Mathe --> Dezimal gut, wenn du Aufgaben zum Prozentrechnen oder Zinsaufgaben bearbeitest.

Der Screenshot rechts zeigt die Eingabe und Ausgabe eines Bruchs im Linearen Format. Im Auslieferungszustand ist das «Mathe --> Mathe-Format» eingestellt.

- Im Mathe --> Mathe-Modus werden die Ergebnisse immer zuerst als Bruch angezeigt, mit [FORMAT] kannst du dann zur dezimalen Darstellung wechseln.
- Wenn du das Ergebnis direkt als Dezimalzahl erhalten willst, nutzt du nicht [EXE] sondern $^{S}[\approx]$, du tippst also erst die Taste [SHIFT] und dann [EXE].

Winkeleinheit

Der Taschenrechner ist im Auslieferungszustand und nach einem Reset auf das Gradmaß («Degree») eingestellt. Die aktuelle Einstellung kannst du in der Statuszeile ganz oben im Display ablesen. Dabei steht «D» für die Gradeinstellung und «R» für Bogenmaß. («G» bzw. G steht für Neugrad, dieses Winkelmaß wird vor allem in der Vermessungstechnik benutzt.)

Die Winkelmaße werden unter [SETTINGS] unter Recheneinstellungen im Menüpunkt Winkeleinheit eingestellt.

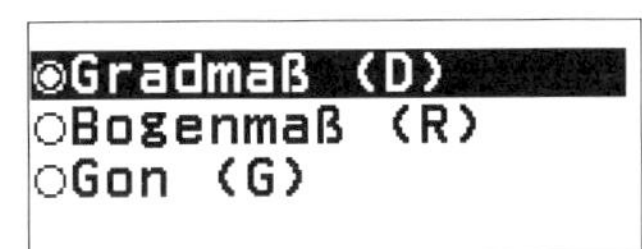

Zahlenformat

Im Menüpunkt Zahlenformat kannst du einstellen, in welcher Form die Rechenergebnisse angezeigt werden sollen.

Fix

Normalerweise zeigt das Gerät 10 Stellen an. Um einzustellen, auf wie viele Stellen hinter dem Komma gerundet werden soll, wählst du den Menüpunkt Zahlenformat und dann Fix.

Nun kannst du die Stellenanzahl festlegen. Die Zahlen werden dann automatisch auf- und abgerundet.

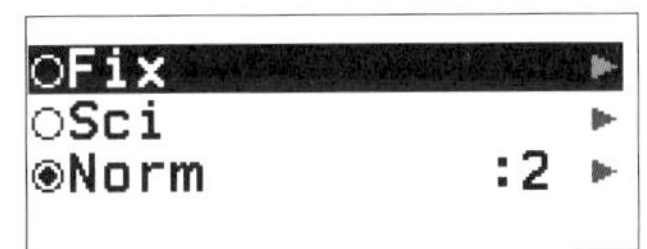

- Diese Einstellung ist mit Vorsicht zu verwenden, da die Zahlen dann *immer* gerundet angezeigt werden. In die Standardeinstellung gelangst du durch einen Reset des Rechners.

Sci

In der Sci-Einstellung kann eingestellt werden, wie viele Stellen des Rechenergebnisses angezeigt werden sollen, die sogenannte «Mantisse».

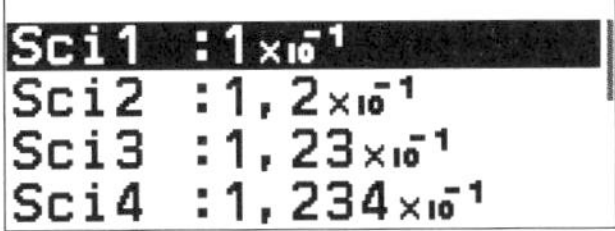

Norm

Es gibt zwei Möglichkeiten der Exponentialschreibweise für kleine Ergebnisse.

- Norm 1: In dieser Einstellung werden alle Ergebnisse, die kleiner als $\frac{1}{100}$ sind, in der Exponentialdarstellung angezeigt.
- Norm 2: In dieser Einstellung werden alle Ergebnisse (solange sie nicht kleiner als $0,000000001$ sind) als Dezimalzahl angezeigt.
  Norm 2 ist in der Regel die Einstellung, bei der du die Ergebnisse «besser» ablesen kannst.

Dezimalpräfixe

Wenn du die Dezimalpräfixe aktivierst, werden Zahlen mit den entsprechenden Präfixen angezeigt.

Die Zahl 5500 wird z.B. dann entsprechend als «5,5 k» angezeigt.

5500

5,5k

Die Zahl $0,001$ wird als «1m» angezeigt.

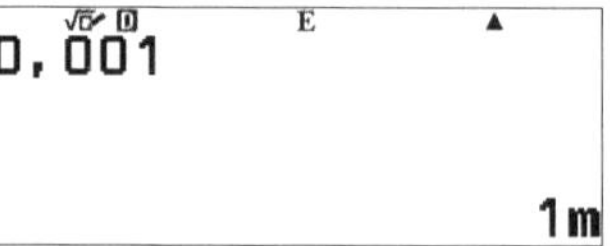

Bruchergebnis

In dieser Einstellung kann festgelegt werden, ob ein Ergebnis als gemischter Bruch oder als unechter Bruch angezeigt werden soll.

1000er Trennung

Bei großen Zahlen kann es hilfreich sein, die 1000er Trennung einzuschalten. Wenn diese eingeschaltet ist, werden die Zahlen bei der Ausgabe so angezeigt, dass zwischen den Tausendern etwas mehr Platz gelassen wird. So kann man große Zahlen besser ablesen.

In diesem Menü kann die 1000er-Trennung ein- und ausgeschaltet werden.

1000er-Trennung?
○Ein
◉Aus

Im Bild rechts siehst du, wie die Darstellung mit eingeschalteter Tausendertrennung aussieht.

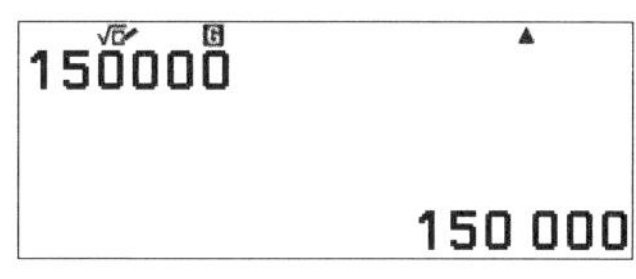

18.2 Die Systemeinstellungen

In den Systemeinstellungen können die Systemvoreinstellungen geändert werden.

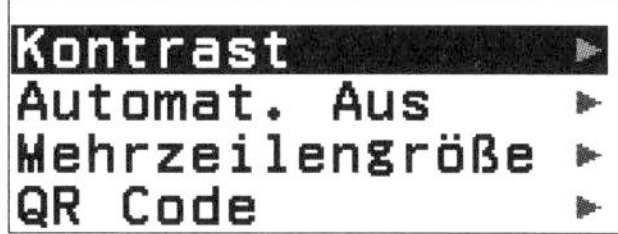

Anzeigekontrast

Im Menüpunkt Kontrast kannst du den Anzeigekontrast ändern. Mit [◄] und [►] veränderst du die Kontrasteinstellungen.

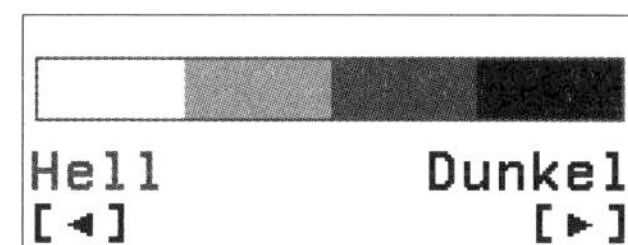

Automatisches Abschalten

Unter Automat. Aus kannst du die Zeit einstellen, nach der sich der Taschenrechner automatisch abschaltet.

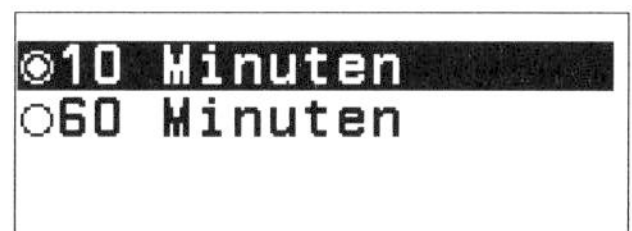

Schriftgröße

Unter Mehrzeilengrösse kannst du zwischen normaler und kleiner Schrift wählen.

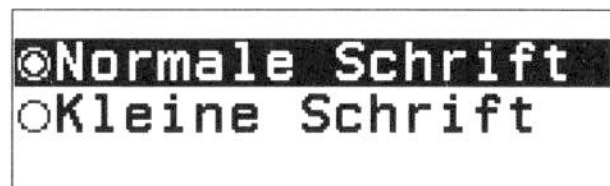

QR-Code

Im Menüpunkt QR-Code kannst du zwischen zwei Versionen des QR-Codes wechseln. Genaueres siehe Kapitel 16.

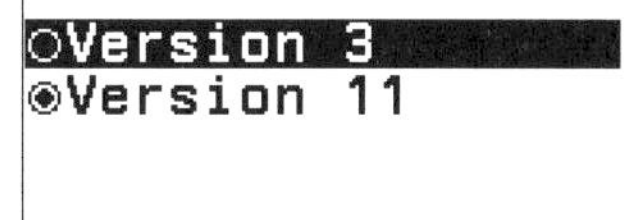

18.3 Zurücksetzen des Geräts

Es gibt verschiedene Möglichkeiten, das Gerät zurückzusetzen, die sich dadurch unterscheiden, wie umfangreich das Zurücksetzen ist.

Mit Einstell.&Daten werden die Einstellungen zurückgesetzt. Mit Variablenspeich. werden Speicher und Variablen gelöscht und mit Alle initialis. wird das Gerät komplett zurückgesetzt.

Bevor der Befehl ausgeführt wird, hast du noch die Möglichkeit, abzubrechen.

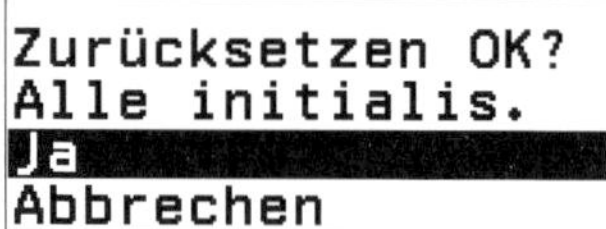

18.4 Beginnen

Der «Beginnen»-Bildschirm zeigt die ID-Nummer des Rechners an. Außerdem verweist der angezeigte QR-Code auf eine Seite von Casio mit weiteren Informationen zum Gerät.

18.5 Fehlermeldungen

Wenn das Gerät eine Fehlermeldung anzeigt, lohnt es sich, diese genauer anzuschauen, denn es gibt verschiedene Arten der Fehlermeldungen.

- Syntaxfehler: Bei der Eingabe ist ein Fehler passiert; z.B. wenn 2 [+] [×] 5 [=] eingegeben wurde. Mit [EXE] springt der Cursor automatisch an die Fehlerstelle.

- Mathem. Fehler: Die Rechnung lässt sich nicht ausführen. Zum Beispiel führt die Eingabe von $\frac{12}{0}$ zu einem Mathem. Fehler, da man nicht durch Null teilen kann.

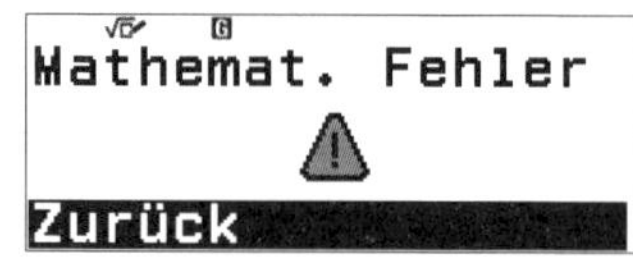

Lösungen der Aufgaben

1.4 Mehrere Rechenschritte hintereinander

a) Zuerst multiplizierst du $134 \cdot 12$ und erhältst 1608.

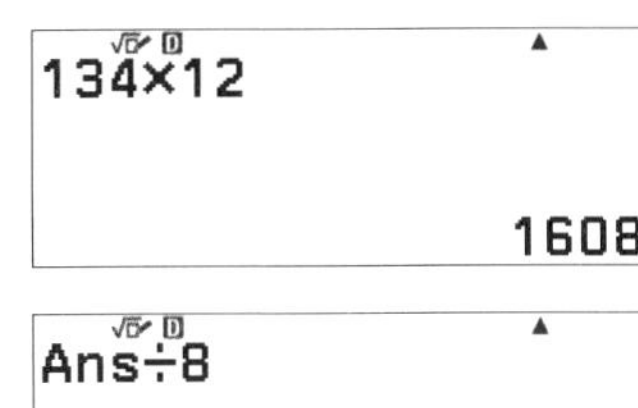

Du kannst nun direkt weiterrechnen, Ans wird automatisch eingefügt.

b) Zuerst führst du die angegebene Berechnung von $122 \cdot 12 + 16$ durch und erhältst 1480.

Auch hier kannst du direkt weiterrechnen, Ans wird automatisch eingefügt.

c) Zuerst führst du die angegebene Berechnung von $14 \cdot 7$ durch und erhältst 98.

Auch hier kannst du direkt weiterrechnen, Ans wird automatisch eingefügt, du erhältst 64.

Nun musst du noch durch 16 teilen, Ans wird wieder automatisch eingefügt, das Ergebnis ist 4.

Ans÷16
4

2.2 Rechnen mit Brüchen

a) I) $\frac{1}{4}+\frac{1}{6}$ → $\frac{5}{12}$

II) $\frac{7}{3}-\frac{8}{4}$ → $\frac{1}{3}$

III) $\frac{1}{4}\times\frac{1}{6}$ → $\frac{1}{24}$

b) I) Du berechnest zuerst die Summe wie in der vorhergehenden Aufgabe und erhältst $\frac{9}{20}$.

Anschließend wandelst du das Ergebnis mithilfe von [FORMAT] in eine Dezimalzahl um und erhältst 0,45.

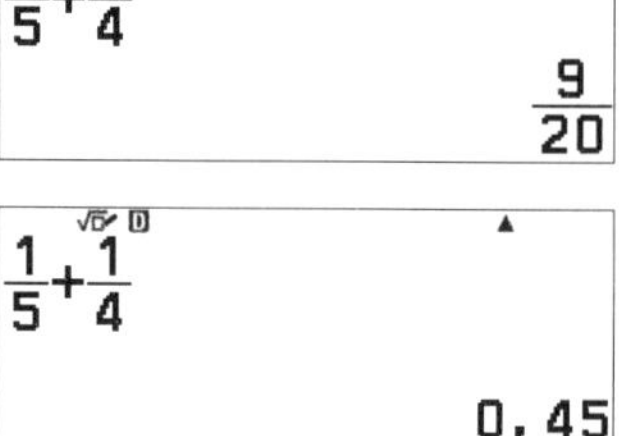

II) Du gehst vor wie in Aufgabe I) und erhältst $\frac{5}{6}$ bzw. als Dezimalzahl 0,83 (gerundet).

III) Du gehst vor wie in Aufgabe I) und erhältst $\frac{9}{7}$ bzw. als Dezimalzahl 1,29 (gerundet).

2.3 Der Variablenspeicher

a) Zuerst gibst du 3,5 ein und bestätigst mit [EXE]. Dann nutzt du [VARIABLE] und bestätigst bei A.

Speichern
Abrufen
Editieren

Du bestätigst ein weiteres Mal Speichern mit [EXE]
Nun löschst du den Bildschirm mit [AC] und gibst den zweiten Teil der Aufgabe ein (mit ^{S}[A] oder [Variable]). Das Ergebnis ist $-\frac{21}{4}$.
Nach der Umwandlung mit [FORMAT] erhältst du −5,25.

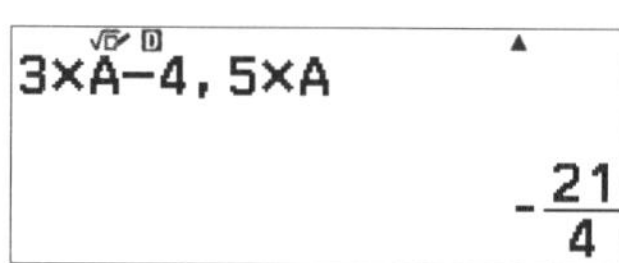

3×A−4,5×A
−5,25

b) Zuerst gibst du 2, 2 ein und bestätigst mit [EXE]. Dann nutzt du [VARIABLE]und bestätigst bei A und Speichern.

Anschließend speicherst du $\frac{1}{4}$ auf die gleiche Weise als Variable B.

Nun löschst du den Bildschirm mit [AC] und gibst den zweiten Teil der Aufgabe ein (mit ^{S}[A] bzw. ^{S}[B] oder[Variable]) Das Ergebnis ist $\frac{161}{5}$.

Nach der Umwandlung mit [FORMAT] erhältst du −32, 2.

2.4 Primfaktorzerlegung

a) Du gibst 36 ein, bestätigst mit [EXE] und nutzt anschließend [FORMAT], bestätige mit [EXE].

b) Du gibst 243 ein, bestätigst mit [EXE] und nutzt anschließend [FORMAT], bestätige mit [EXE].

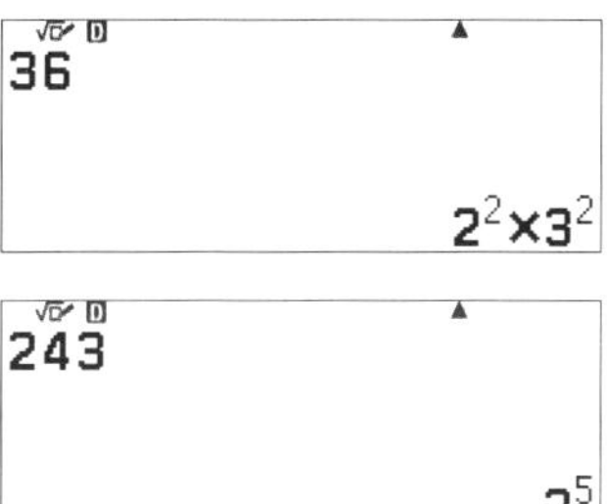

2.5 Potenzieren und Wurzelziehen

a) Mithilfe der Tasten [$\blacksquare^2$] und [$\blacksquare^{\square}$] erhältst du:

I)

III)

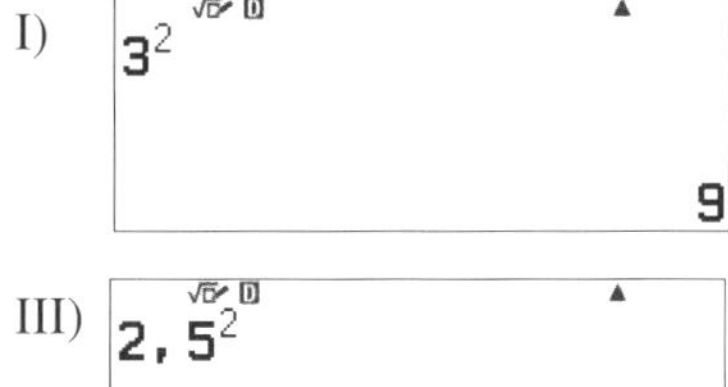

II)

b) Beachte die Klammern beim Quadrieren:

I)

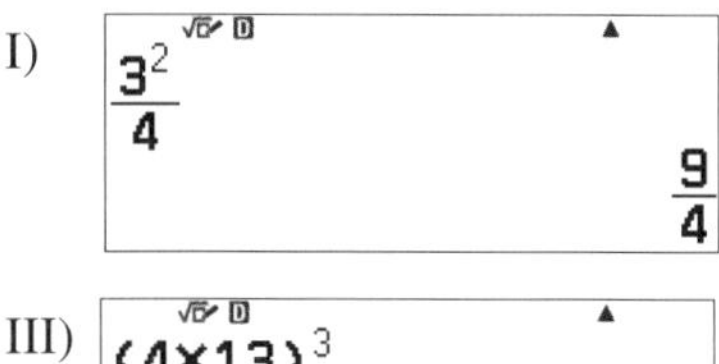

II)

$\frac{3}{4}^2$

$\frac{9}{16}$

III)

$(4\times 13)^3$

140608

c) Mithilfe der Tasten [$\sqrt{\blacksquare}$], S[$\sqrt[\blacksquare]{\square}$] und [FORMAT] erhältst du:

I)

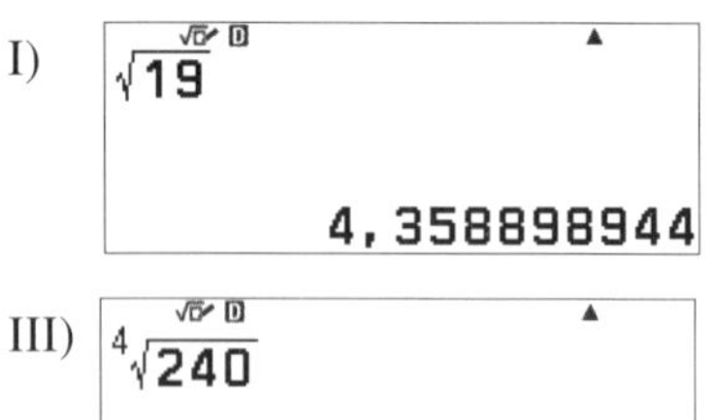

II)

$\sqrt[3]{15}$

2,466212074

III)

$\sqrt[4]{240}$

3,935979343

d) Zuerst berechnest du $32{,}5 \cdot 17{,}12$ und erhältst $\frac{2782}{5}$.

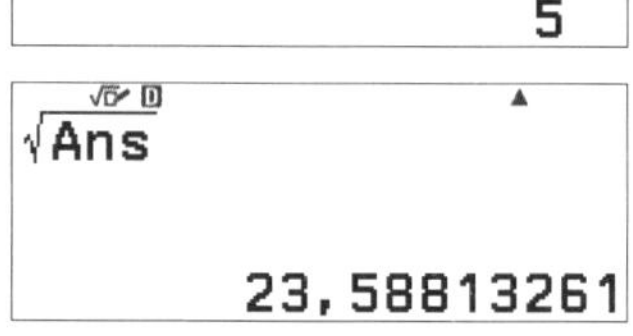

Um die Wurzel aus diesem Ergebnis zu ziehen, verwendest du die [Ans]-Taste.

√Ans

23,58813261

e) Bei der Eingabe verlässt du die Wurzel nach der Eingabe von 289 mit [►].

$\sqrt{289}+4$

21

2.6 Winkelmaße und Trigonometrie

a) Achte darauf, dass das oben im Display «D» angezeigt wird. Gebe die Werte ein und schließe die Eingabe mit [EXE] ab.

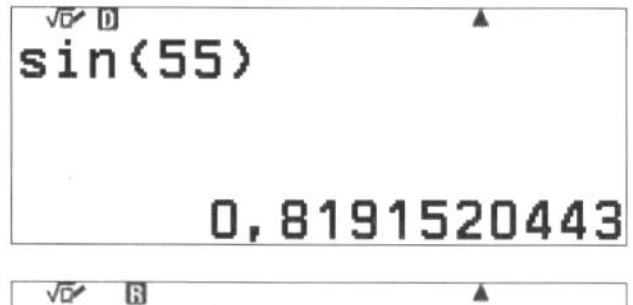

Achte darauf, dass oben im Display «R» angezeigt wird. Gebe die Werte ein und schließe die Eingabe mit [EXE] ab.

$\cos\left(\frac{\pi}{3}\right)$

$\frac{1}{2}$

b) Gib den Winkelwert ein und nutze [FORMAT], Sexagesimal und [EXE], um den Wert umzuwandeln.

c) Gib den Wert ein, nutze S[°′″] bei der Eingabe. Schließe die Eingabe mit [EXE] ab.

Nutze [FORMAT] und Dezimal, um die Werte umzuwandeln.

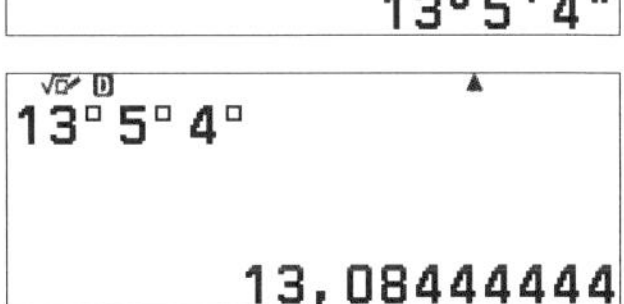

2.7 Die Exponentialschreibweise

a) I) Du gibst zuerst $\frac{1}{400}$ ein und drückst nach [EXE] die Taste [FORMAT] und ENG Notation, um die Zahl in der Exponentialschreibweise anzugeben.

Um die Zahl als Dezimalzahl anzuzeigen, nutzt du [FORMAT] und Dezimal.

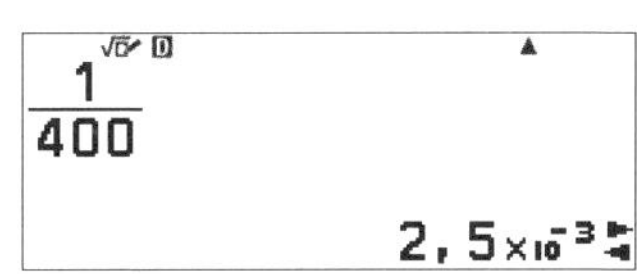

II) Du gibst zuerst $\frac{1}{128}$ ein und drückst nach [EXE] die Taste [FORMAT] und ENG Notation, um die Zahlin der Exponentialschreibweise anzugeben.

Um die Zahl als Dezimalzahl anzuzeigen nutzt du [FORMAT] und Dezimal.

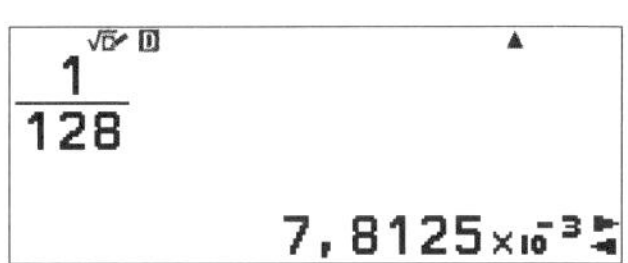

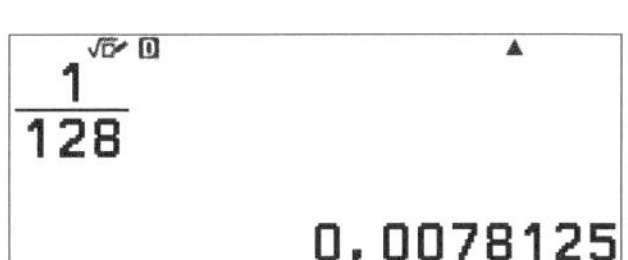

III) Du gehst vor, wie in Aufgabe II) und erhältst $\frac{2}{12\,300} = 162{,}60 \cdot 10^{-6} \approx 0{,}00016$ (gerundet).

b) I) Du benutzt die Taste [$\times 10^x$], um die Zahl einzugeben. Die Zahl wird zunächst als Bruch angezeigt.

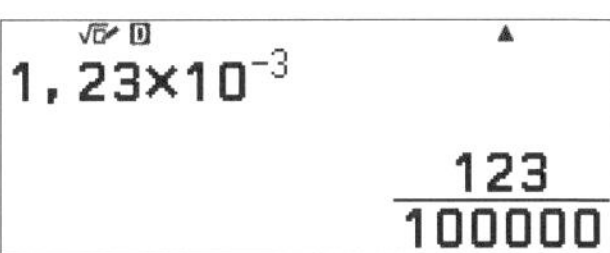

Nun wandelst du das Ergebnis mithilfe von [FORMAT] in eine Dezimalzahl um und erhältst 0,00123.

II) Du gehst vor wie in Aufgabe I) und erhältst $4,26 \cdot 10^{-4} = 0,000426$.

III) Du gehst vor wie in Aufgabe I) und erhältst $2,1 \cdot 10^{-3} = 0,0021$.

3.1 Listen und Statistik

a) In der Übersicht des Statistik-Editors rufst du die Funktion 1 – Variable auf, und gibst die Werte ein. Nach dem Beenden der Eingabe drückst du ein weiteres Mal [EXE]

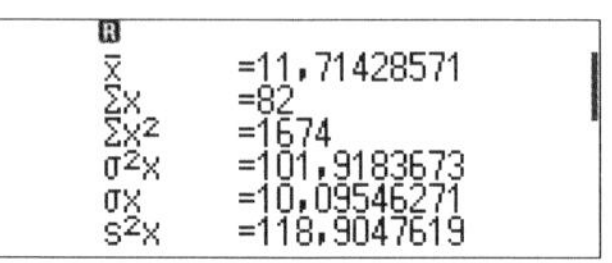

Du wählst im Menü 1 – Var Ergebnisse mit [EXE]. Der Mittelwert ist $\bar{x} \approx 11,71$, Standardabweichung $\sigma x \approx 10,09$.

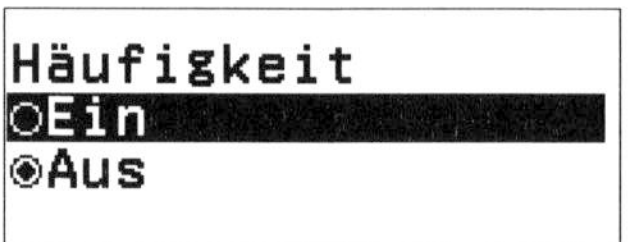

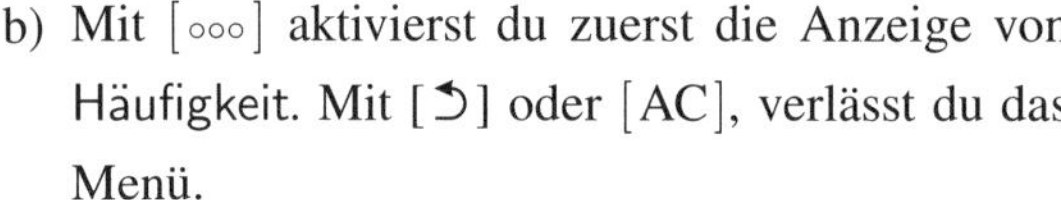

b) Mit [ooo] aktivierst du zuerst die Anzeige von Häufigkeit. Mit [⮌] oder [AC], verlässt du das Menü.

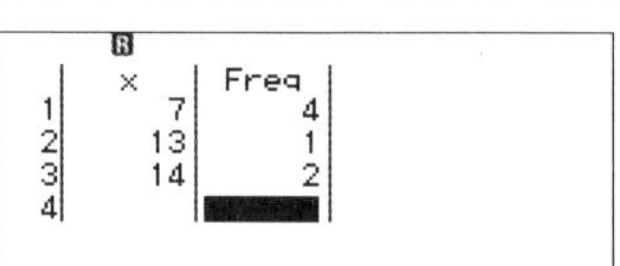

Nun gibst die Anzahl der Gewinnpunkte pro Runde und die Anzahl der Spiele ein

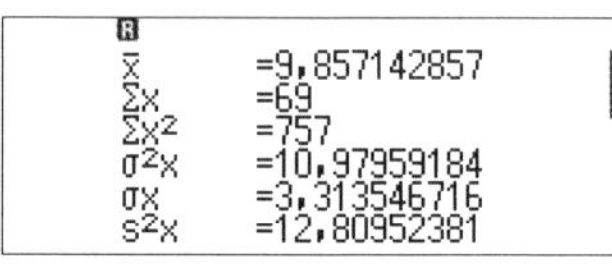

Die Gesamtzahl der Punkte beträgt als $\sum x = 69$, die durchschnittliche Anzahl liegt bei $\bar{x} \approx 9,85$.

3.2 Regressionen

a) Du rufst die Tabelle auf mit 2 – Variablen und gibst die Werte ein. Schließe die Eingabe mit [EXE] ab.

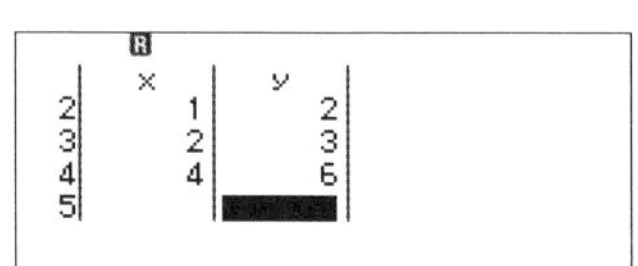

Nun wählst du Regression Erg. und die lineare Regression. Bestätige mit [EXE].

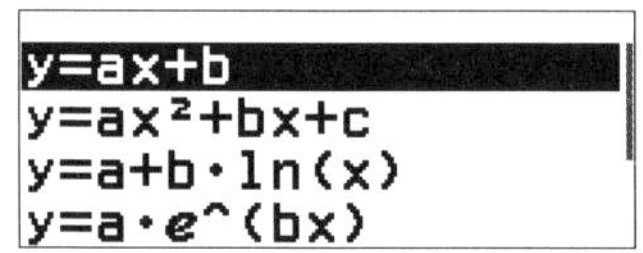

Die lineare Regressionsfunktion hat also die Gleichung $y = 1,26 \cdot x + 0,8$.

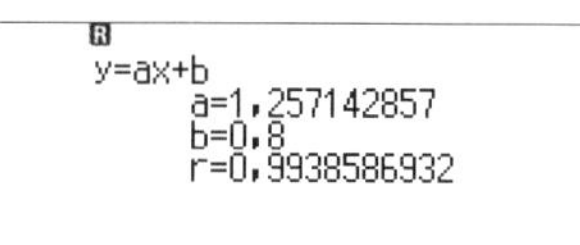

b) Du gehst vor, wie in der ersten Aufgabe, wählst aber nun die quadratische Regressionsfunktion.

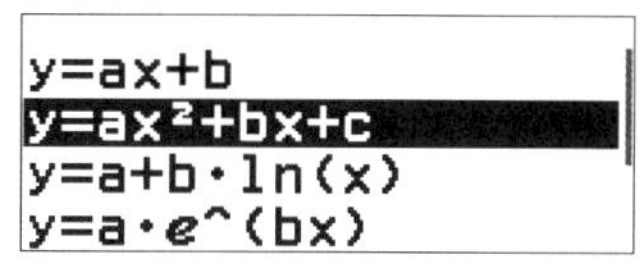

Die quadratische Regressionsfunktion lautet damit $y = 0,11x^2 + 0,79x + 1,03$.

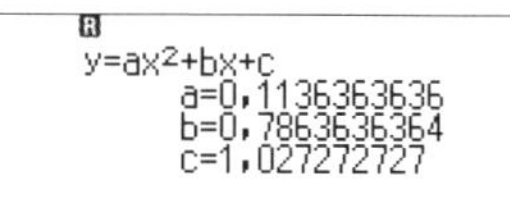

c) Du gehst vor, wie in den anderen Aufgaben, wählst aber nun die exponentielle Regressionsfunktion.

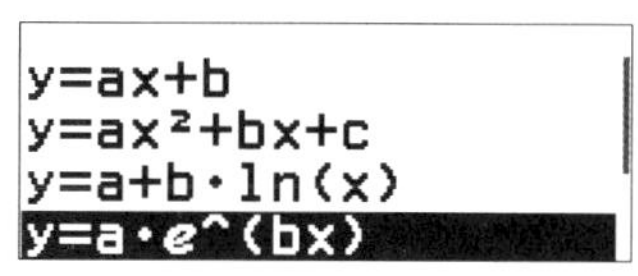

Die exponentielle Regressionsfunktion lautet damit $y = 1,15 \cdot e^{0,43x}$.

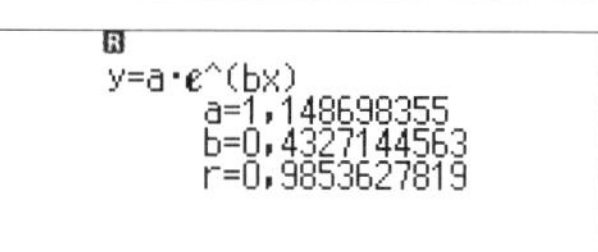

4.1 Die Binomialverteilung

a) Es handelt sich um eine Bernoullikette mit Länge 7, die Wahrscheinlichkeit für eine gerade Zahl ist $p = \frac{1}{2}$. Also gilt für die Wahrscheinlichkeit, *genau* 4-mal eine gerade Zahl zu werfen: $P(X = 4) = \binom{7}{4} \cdot \left(\frac{1}{2}\right)^4 \cdot \left(1 - \frac{1}{2}\right)^{7-4}$

Dies wird mit der Funktion Binom.-V. Dichte bestimmt.

Zuerst wählst du mit [HOME] die Verteilungsfunktionen und dann die Binom.-V. Dichte und Einzelwert aus.

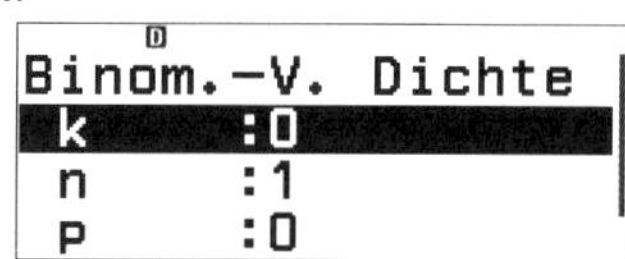

Du passt die Werte an und bestätigst anschließend Ausführen mit [EXE].

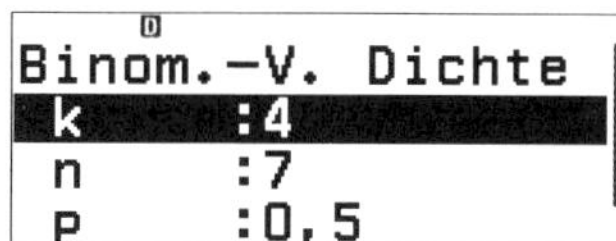

Nun wird der Wert für die gesuchte Wahrscheinlichkeit angezeigt. Die gesuchte Wahrscheinlichkeit beträgt also $p \approx 0,27$.

P=
0,2734375

b) Es handelt sich um eine Bernoullikette mit Länge 7, die Wahrscheinlichkeit für eine gerade Zahl ist $p = \frac{1}{2}$. Also gilt für die Wahrscheinlichkeit, *höchstens* 4-mal eine gerade Zahl zu werfen: $P(X \leqslant 4) = F_{7;\frac{1}{2}}(4)$.

Du wählst nun die Binomialverteilung Kumul. Binom.-V und Einzelwert aus.

Kumul. Binom.-V.
k :0
n :1
p :0

Du passt die Werte an und bestätigst anschließend Ausführen mit [EXE].

Kumul. Binom.-V.
k :4
n :7
p :0,5

Nun wird der Wert für die gesuchte Wahrscheinlichkeit angezeigt. Die gesuchte Wahrscheinlichkeit beträgt also $p \approx 0,77$.

P=
0,7734375

4.2 Die Normalverteilung

a) Du wählst bei den Verteilungsfunktionen die kumulierte Normalverteilung Kumul. Normal – V. aus.

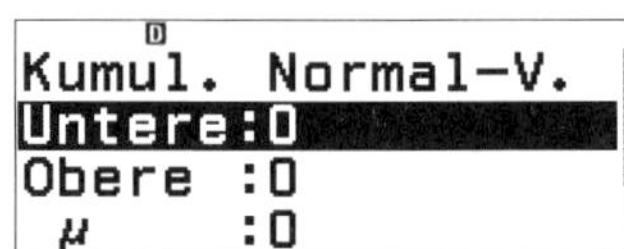

Im folgenden Fenster gibst du die Werte für die untere (z.B. – 100) und die obere (55) Grenze von X ein und bestätigst jeweils mit [EXE].

Kumul. Normal-V.
Untere:-100
Obere :55
μ :0

Nun werden die Werte für σ und μ eingegeben: Du bestätigst Ausführen mit [EXE].

Kumul. Normal-V.
μ :58
σ :2
Ausführen

Der Wert für die gesuchte Wahrscheinlichkeit wird angezeigt. Die gesuchte Wahrscheinlichkeit beträgt also $p \approx 0,07$.

P=
0,06680720128

b) Du wählst im Menü die kumulierte Normalverteilung Kumul. Normal – V. aus.

Kumul. Normal-V.
μ :58
σ :2
Ausführen

Im folgenden Fenster gibst du die Werte für die untere (57) und die obere Grenze (59) von X ein, anschließend die Werte von μ und σ.

Kumul. Normal-V.
μ :58
σ :2
Ausführen

Nach der Bestätigung von Ausführen mit [EXE] wird der Wert für die gesuchte Wahrscheinlichkeit angezeigt. Die gesuchte Wahrscheinlichkeit beträgt also p $\approx 0,38$.

P=
0,3829249234

c) Diese Aufgabe lässt sich mithilfe der kumulierten Normalverteilung durch Ausprobieren lösen:

Du wählst im Menü die kumulierte Normalverteilung Kumul. Normal – V. mit [EXE] aus.

Binom.-V. Dichte
Kumul. Binom.-V.
Normal-V. Dichte
Kumul. Normal-V.

Gesucht ist der Wert, für den $100\,\% - 5\,\% = 95\,\%$ der Fläche der Normalverteilung überdeckt sind, daher gibst du für die untere Grenze wieder einen kleinen Wert wie z.B. -100 ein.

Du schätzt einen Wert, der größer ist als der Erwartungswert, z.B. 60. Die Werte von μ und σ können übernommen werden.

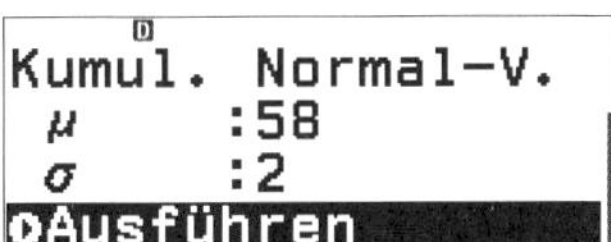

Zum Schluss bestätigst du Ausführen mit [EXE]. Der angezeigte Wert ist noch zu klein, also wählst du einen größeren Wert für die obere Grenze.

P=
0,8413447461

Ein Wert von «61» für die obere Grenze ergibt die angezeigten 93 %, die noch etwas zu wenig sind.

P=
0,9331927987

Ein Wert von 61,5 ergibt 95,9%, also etwas zu viel.

P=
0,9599408431

Der Wert von 61,3 ergibt 0,9505.
Das Mindestgewicht der 5 % schwersten Brezeln beträgt also ca. $61,3\,g$

P=
0,9505285319

*Strenggenommen muss man von $-\infty$ bis 23 integrieren. Es reicht in der Regel, einen beliebigen kleinen Wert einzugeben. Bei einem Erwartungswert von 25 und einer Standardabweichung von 1 kann man z.B. -100 als untere Grenze benutzen, ohne dass die Ergebnisse nennenswert abweichen würden.

5 Die Tabellenkalkulation

In der Tabellenkalkulation gibst du in die Zelle A1 das Anfangsguthaben ein. Schließe die Eingabe mit [EXE] ab.

	A	B	C	D
1	50			
2				
3				
4				

Nun wechselst du in die oberste Zelle von Spalte B und tippst auf [○○○].

Mit Formel füllen
Mit Wert füllen
Zelle bearbeiten
verfüg. Speicher

Du wählst Mit Formel füllen und gibst $A1 \times 1,03$ ein. Bestätige mit [EXE].

Mit Formel füllen
Formel=A1×1,03
Zellen:B1:B1
Bestätigen

Nutze [▶] und gebe B1 : B6 ein, da sich die Formel auf diese Zellen beziehen soll. Bestätige mit [EXE].

Mit Formel füllen
Formel=A1×1,03
Zellen:B1:B6
Bestätigen

Nun wechselst du zur Zelle A2, nutzt[○○○] und wählst Mit Formel füllen. Gib B1 ein und bestätige mit [EXE].

Mit Formel füllen
Formel=B1
Zellen:A2:A2
Bestätigen

Nutze [▶] und gebe A2 : A6 ein, da sich die Formel auf diese Zellen beziehen soll. Bestätige mit [EXE].

Mit Formel füllen
Formel=B1
Zellen:A2:A6
Bestätigen

Es wird nun jeweils in der Spalte B der Zins berechnet.

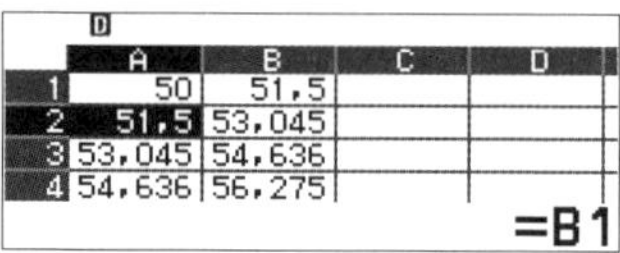

	A	B	C	D
1	50	51,5		
2	51,5	53,045		
3	53,045	54,636		
4	54,636	56,275		

=B1

Nach 6 Jahren beträgt das Guthaben also 59,70 €

	A	B	C	D
3	53,045	54,636		
4	54,636	56,275		
5	56,275	57,963		
6	57,963	59,702		

=B5

6.1 Funktionswerte direkt berechnen

Gesucht ist der Funktionswert für $x = 3,5$ der Funktion $f(x) = x^2 - 3x + 1$.

Zuerst nutzt du [FUNCTION] und wählst dann f(x) definieren, bestätige mit [EXE].

f(x) definieren
g(x) definieren

Nun kannst du die Funktion eingeben, x wird dabei mit [x] eingegeben. Die Eingabe wird mit [EXE] abgeschlossen.

f(x)=x²−3x+1

Du tippst [FUNCTION] ein weiteres Mal und wählst dann f(x), bestätige mit [EXE].

f(

Nun gibst du den gewünschten Wert 3,5 ein, schließt die Klammer und bestätigst mit [EXE]. Der Funktionswert wird angezeigt und kann mit [FORMAT] in eine Dezimalzahl umgewandelt werden.

f(3,5)

11/4

6.2 Wertetabellen

Zuerst wechselst du mit [HOME] und Wertetab. in die Wertetabellenanwendung, tippst auf [TOOLS] und wählst zunächst f(x)/g(x) defin. und dann f(x) definieren.

f(x) definieren
g(x) definieren

Nun kannst du die Funktion eingeben, x wird dabei mit [x] eingegeben. Die Eingabe wird mit [EXE] abgeschlossen.

f(x)=x³+2x+1

Da noch kein Tabellenbereich definiert wurde, können noch keine Werte angezeigt werden. Du nutzt wieder [TOOLS], wählst jetzt aber Tabellenbereich.

Tabellenbereich
Start:0
Ende :2
Inkre:0,5

Wenn du die Werte übernehmen willst, nutzt du [▼], zum Schluss bestätigst du Ausführen mit [EXE].

Tabellenbereich
Ende :2
Inkre:0,5
Ausführen

Die Werte werden angezeigt und können in die Wertetabelle übertragen werden.

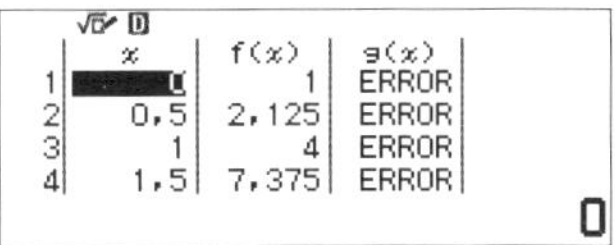

Die gesuchte Wertetabelle ist also:

x	0	0,5	1	1,5	2
$f(x)$	1	2,125	4	7,375	13

7.1 Lineare Gleichungssysteme

a) Du wählst 2 Unbekannte, da es sich um ein LGS mit zwei Unbekannten handelt.

Nun gibst du die Koeffizienten ein und bestätigst ein weiteres Mal mit [EXE].

Die erste Lösungsvariable wird angezeigt, es ist $x = 3$.

Die zweite Lösungsvariable ist $y = 2$. Das LGS besitzt eine eindeutige Lösung: $L = \{(3; 2)\}$

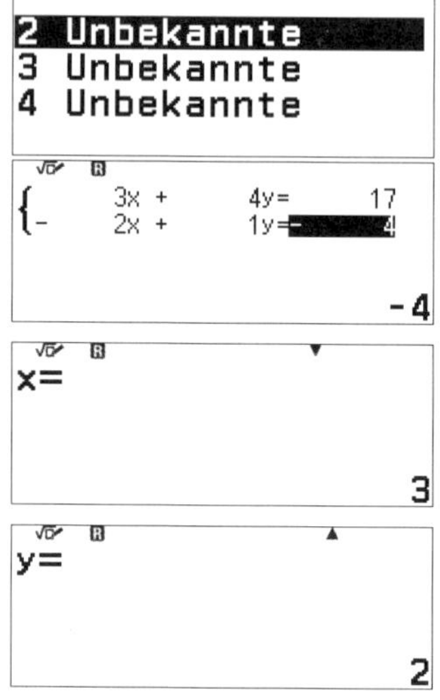

b) Du wählst 2 Unbekannte, da es sich um ein LGS mit zwei Unbekannten handelt und gibst die Koeffizienten ein.

Das Gleichungssystem besitzt keine Lösung.

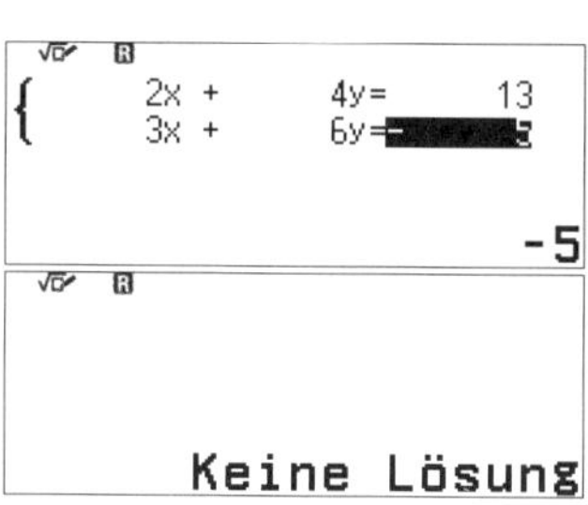

c) Du wählst 2 Unbekannte, da es sich um ein LGS mit zwei Unbekannten handelt und gibst die Koeffizienten ein.

Das Gleichungssystem besitzt unendlich viele Lösungen.

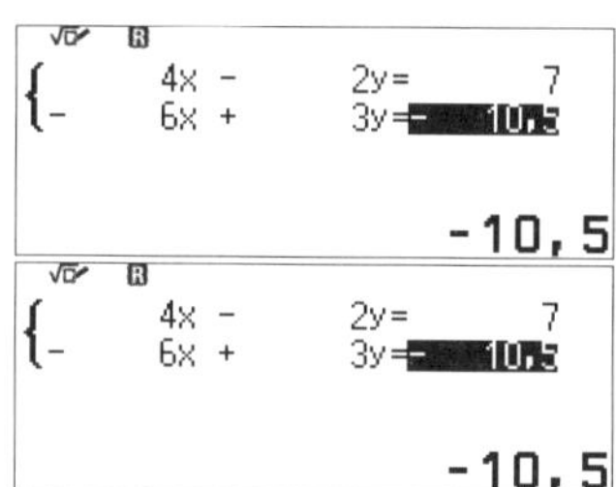

d) Du wählst 3 Unbekannte, da es sich um ein LGS mit drei Unbekannten handelt und gibst die Koeffizienten ein.

Die erste Lösungsvariable wird angezeigt, es ist $x = 3$.

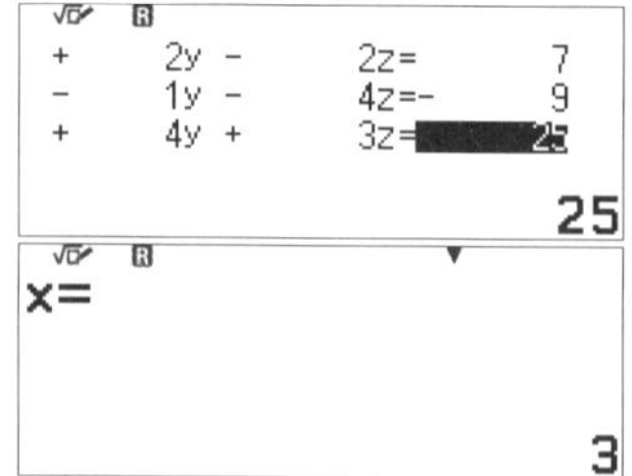

Durch Tippen auf [EXE] gelangst du zur nächsten Lösungsvariable: $y = 4$.

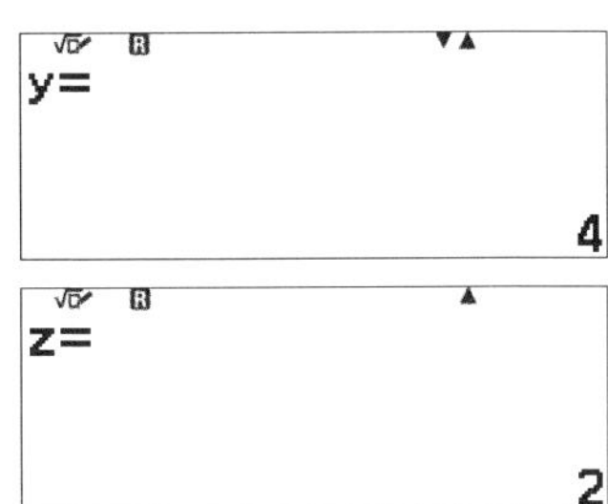

Für die letzte Lösung ergibt sich $z = 2$. Das LGS hat also eine eindeutige Lösung: $\mathrm{L} = \{(3; 4; 2)\}$

7.2 Lineare Gleichungssysteme

a) Da es sich um eine quadratische Gleichung handelt, wählst du $\mathsf{ax}^2 + \mathsf{bx} + \mathsf{c}$, gibst die Koeffizienten ein und bestätigst jeweils mit [EXE].

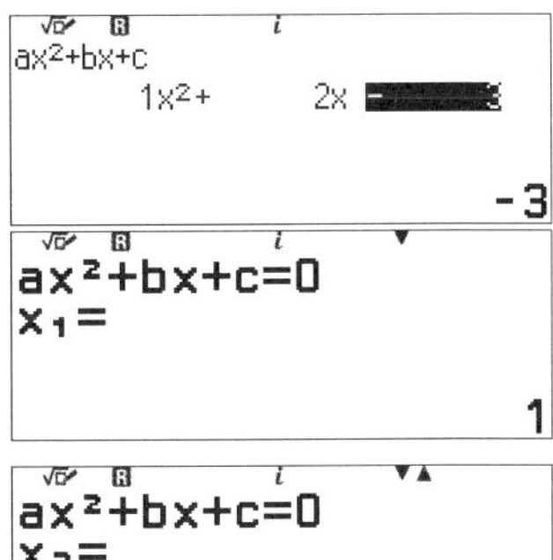

Nachdem du zum Schluss noch einmal mit [EXE] bestätigt hast, wird die erste Lösung angezeigt: Es ist $x_1 = 1$.

Um die zweite Lösung anzuzeigen, drückst du erneut [EXE], es ist $x_2 = -3$.

b) Du wählst in der Gleichungsanwendung wieder $\mathsf{ax}^2 + \mathsf{bx} + \mathsf{c}$. Nun gibst du die Koeffizienten ein. Schließe die Eingaben mit [EXE] ab.

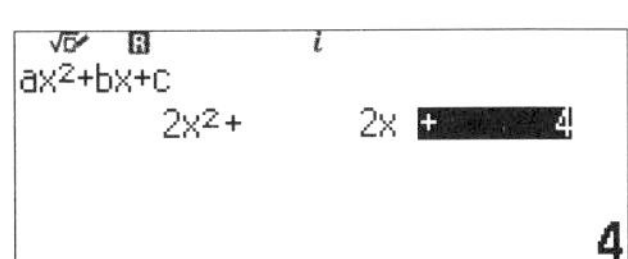

Die erste Lösung besitzt einen komplexen Anteil, den du am Buchstaben **i** erkennen kannst.

Auch die zweite Lösung ist komplex.
Die vorliegende Gleichung hat damit keine reellen Lösungen.

c) Du wählst in der Gleichungsanwendung $\mathsf{ax}^3 + \mathsf{bx}^2 + \mathsf{cx} + \mathsf{d}$, da es sich um eine Gleichung dritten Grades handelt und gibst wie vorher die Koeffizienten ein.

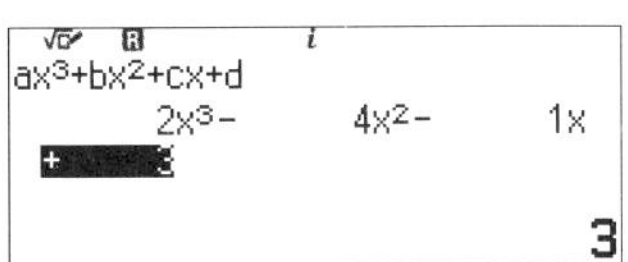

Nach dem Tippen auf [EXE] wird die erste Lösung angezeigt, es ist $x_1 \approx -0,8229$.

Die nächste Lösung erhältst du durch erneute Eingabe von [EXE], es ist $x_2 \approx 1{,}8229$.

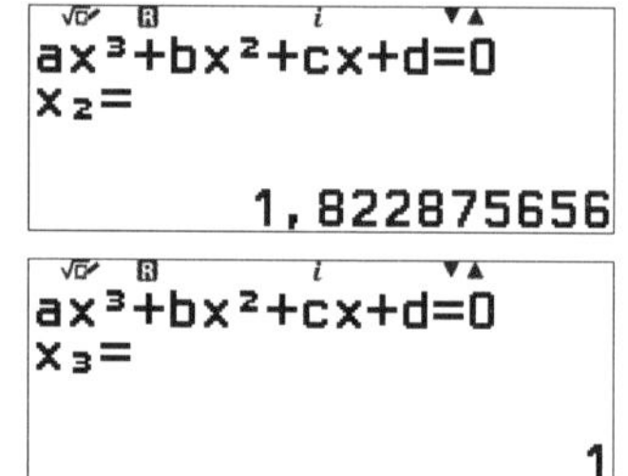

Auch die dritte Lösung erhältst du durch Tippen von [EXE], es ist $x_3 = 1$.

d) Du wählst $\mathrm{ax}^3 + \mathrm{bx}^2 + \mathrm{cx} + \mathrm{d}$, in der Gleichungsanwendung, da es sich um eine Gleichung dritten Grades handelt und gibst die Koeffizienten ein.

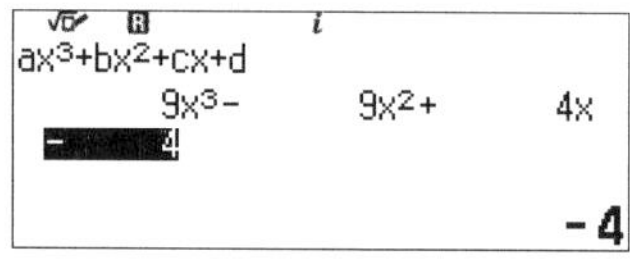

Nach der Eingabe von [EXE] wird die erste Lösung angezeigt, es ist $x_1 = 1$.

Die nächste Lösung ist eine komplexe Zahl, was du am Buchstaben **i** erkennen kannst.

Auch die dritte Lösung ist komplex.
Die angegebene Gleichung hat also nur die (reelle) Lösung $x = 1$.

8 Ungleichungen

a) Du wählst zuerst den passenden Ungleichungstyp aus. Bestätige mit [EXE].

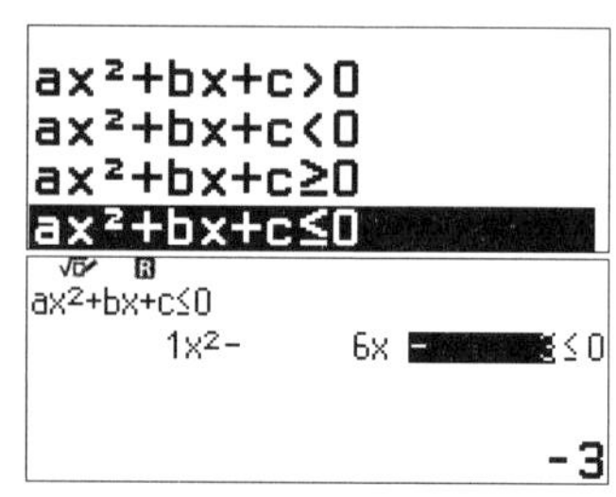

Jetzt gibst du die Koeffizienten ein. Jede Eingabe bestätigst du mit [EXE].

Nachdem du noch einmal mit [EXE] bestätigt hast, werden die Lösungen angezeigt. Die Ungleichung ist erfüllt für $3 - 2\sqrt{3} \leqslant x \leqslant 3 + 2\sqrt{3}$.

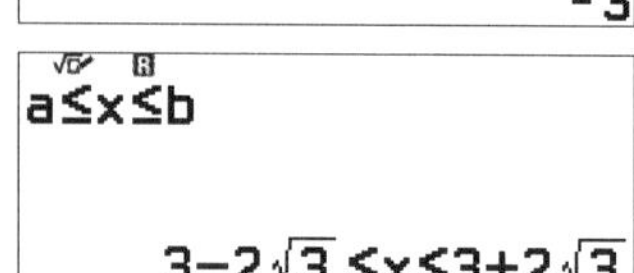

Um das Lösungsintervall mit Dezimalzahlen darzustellen, nutzt du [FORMAT].

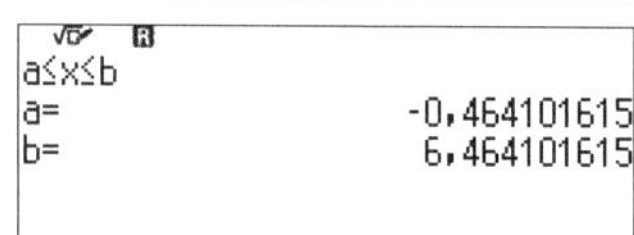

b) Du wählst zuerst den passenden Ungleichungstyp aus. Bestätige mit [EXE].

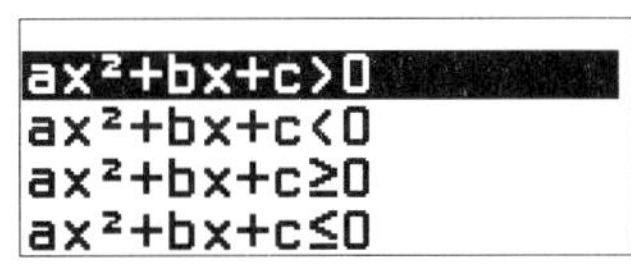

Nun gibst du die Koeffizienten ein und bestätigst jeweils mit [EXE].

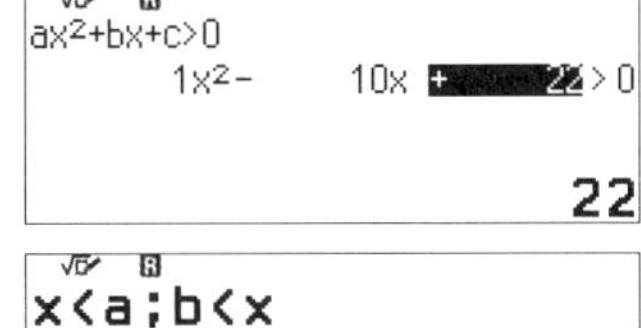

Nachdem du zum Schluss noch einmal mit [EXE] bestätigt hast, werden die Lösungen angezeigt. Die Ungleichung ist erfüllt für $x < 5 - \sqrt{3}$ oder $x > 5 + \sqrt{3}$.

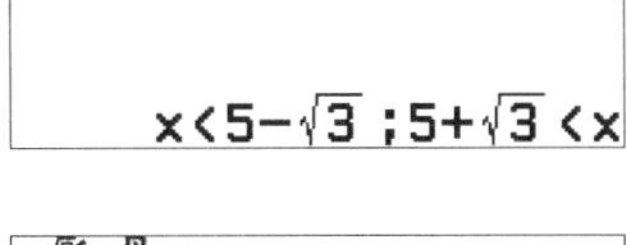

Um das Lösungsintervall mit Dezimalzahlen darzustellen, drückst du [FORMAT].

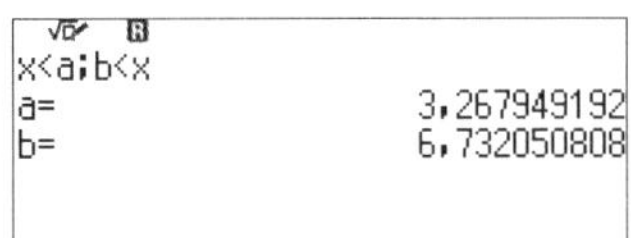

c) Du wählst zuerst den passenden Ungleichungstyp bei den Ungleichungen dritten Grades aus. Bestätige mit [EXE].

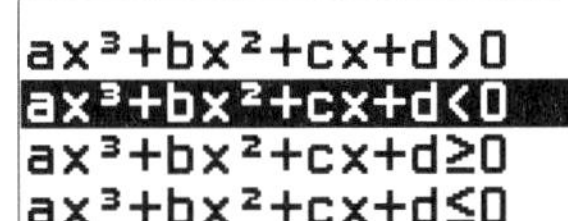

Nun gibst du die Koeffizienten ein und bestätigst mit [EXE].

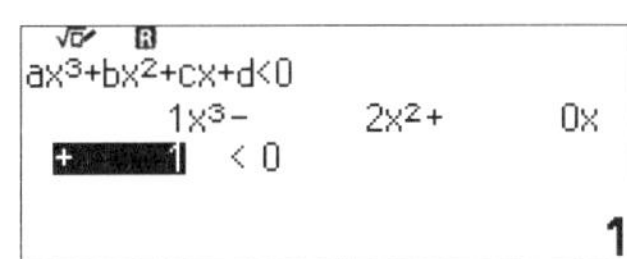

Die Ungleichung ist erfüllt für $x < -0{,}62$ und für $1 < x < 1{,}62$. Nutze [►], um den nichtsichtbaren Teil der Lösung darzustellen.

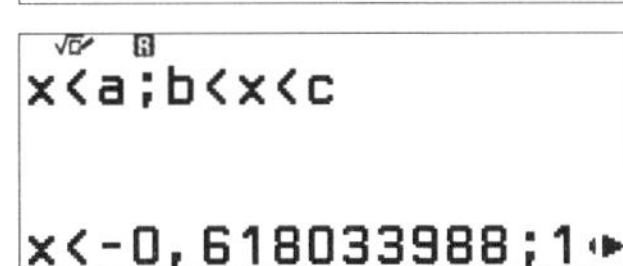

In diesem Bildschirmfoto ist die rechte Hälfte des Bildschirms dargestellt.

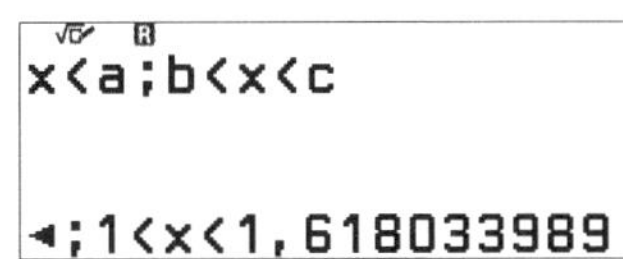

d) Du wählst zuerst den passenden Ungleichungstyp bei den Ungleichungen dritten Grades aus. Bestätige mit [EXE].

ax³+bx²+cx+d>0
ax³+bx²+cx+d<0
ax³+bx²+cx+d≥0
ax³+bx²+cx+d≤0

Nun gibst du die Koeffizienten ein und bestätigst mit [EXE]. [○○○] [EXE] [↶]. [FORMAT]

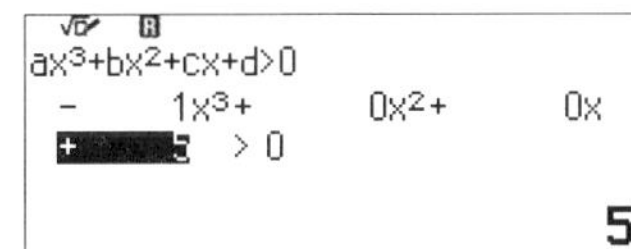

Die Ungleichung ist erfüllt für $x < 1,71$.

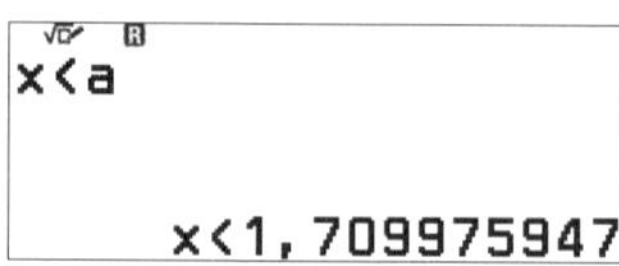

9 Komplexe Zahlen

Im Komplexe-Zahlen Modus gibst du die beiden Zahlen ein. Nach Abschluss der Eingabe mit [EXE] wird das Ergebnis angezeigt.

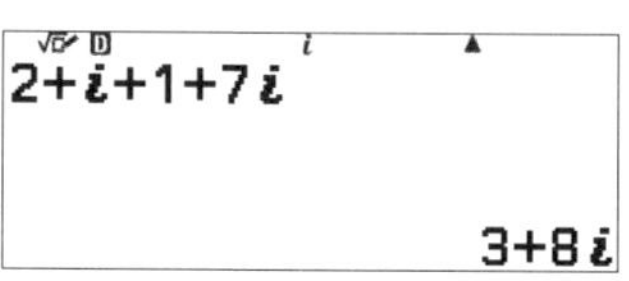

Nutze [FORMAT] und Polarkoordinaten, um das Ergebnis umzuwandeln.

2+i+1+7i
√73 ∠69,44395478

10 Basis-N – Zahlensysteme

a) Wechsele in den Basis-N-Modus und gib 18 ein, achte darauf, dass oben [Dezimal] angezeigt wird. Beende die Eingabe mit [EXE].

[Dezimal]
18
18

Nutze [FORMAT], um die Zahl als Hexadezimalzahl anzuzeigen.

[Hexadezimal]
18
00000012

Nutze [FORMAT] ein weiteres Mal, um die Zahl als Binärzahl anzuzeigen.

[Binär]
18
0000 0000 0000 0000
0000 0000 0001 0010

Nutze Nutze [FORMAT] wieder, um die Zahl als Oktalzahl anzuzeigen.

[Oktal]
18
00000000022

b) Wechsele in den Basis-N-Modus und nutze [FORMAT], um in die Binär-Eingabe zu wechseln.

[Binär]
[FORMAT] drücken,
um Format zu änd.

Du gibst die beiden Zahlen ein. Schließe die Eingabe mit [EXE] ab.

[Binär]
10011+110

Das Ergebnis wird als Binärzahl angezeigt.

```
[Binär]
10011+110
 0000 0000 0000 0000
 0000 0000 0001 1001
```

c) Wechsele in den Basis-N-Modus und nutze [FORMAT], um in die Hexadezimal-Eingabe zu wechseln.

```
[Hexadezimal]

 [FORMAT] drücken,
 um Format zu änd.
```

Du gibst die beiden Zahlen ein. Schließe die Eingabe mit [EXE] ab.

```
[Hexadezimal]
1A−11
```

Das Ergebnis wird als Hexadezimal angezeigt.

```
[Hexadezimal]
1A−11
                00000009
```

11 Matrizen

a) Du definierst die Matrix A als 2 × 2-Matrix und gibst die Koeffizienten ein.

Matrix B wird analog angelegt.

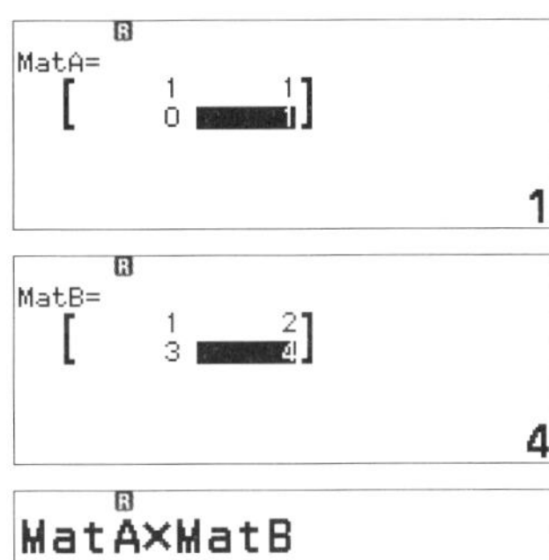

Nun fügst du die beiden Matrizen mit [CATALOG] und Matrix ein.

```
MatA×MatB
```

Mit [EXE] startest du die Berechnung, die Ergebnismatrix wird angezeigt.

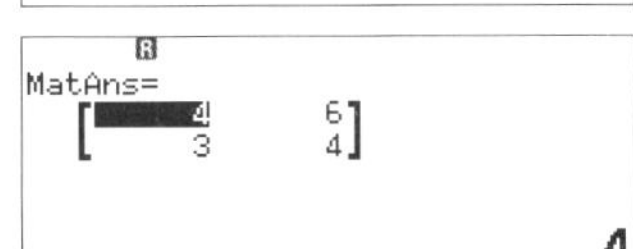

b) Du definierst Matrix A als 3 × 3-Matrix und gibst die Koeffizienten ein.

Matrix B wird analog angelegt.

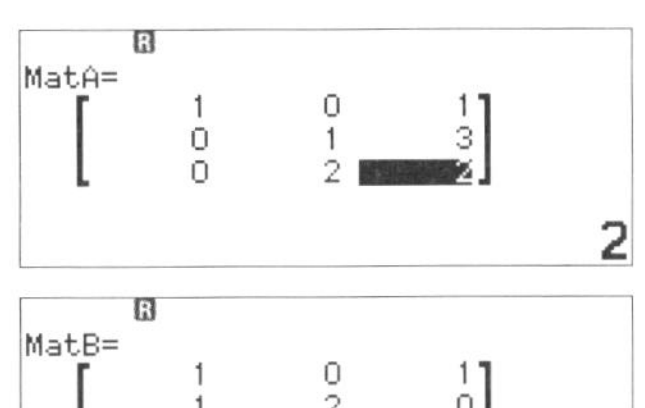

Nun fügst du die beiden Matrizen mit [CATALOG] und Matrix ein.

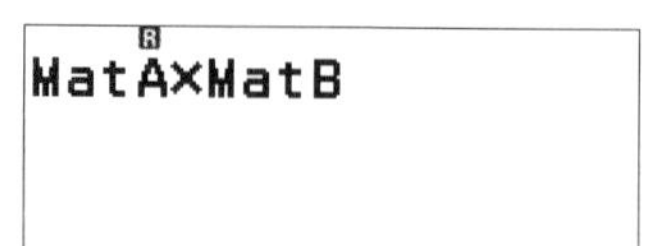

Mit [EXE] startest du die Berechnung, die Ergebnismatrix wird angezeigt.

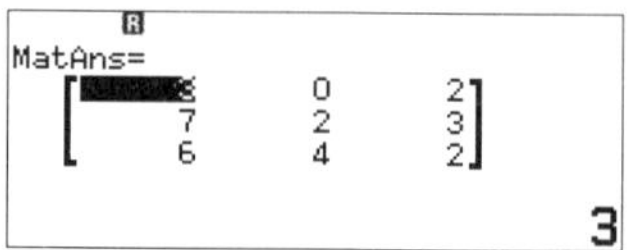

c) Matrix A ist von Aufgabenteil b) schon eingegeben, du nutzt ^{S}[■$^{-1}$] um die Inverse Matrix zu berechnen.

Nach dem Bestätigen mit [EXE] wird die Inverse angezeigt.

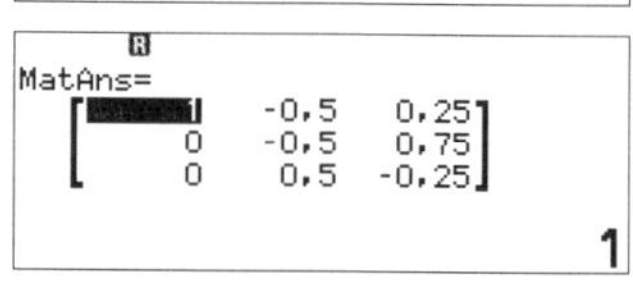

Alternativ kannst du auch [CATALOG] Matrix und Matrizenrechnung nutzen, um den Befehl einzufügen.

12.1 Addition, Subtraktion, Betrag

a) Du definierst die beiden Vektoren mit [◦◦◦]. Anschließend rufst du sie unter [CATALOG] und Vektor auf und führst die Berechnung durch.

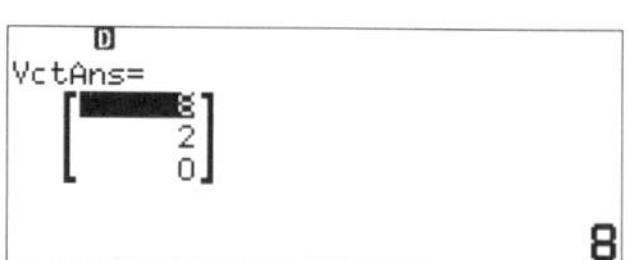

b) Du nutzt [↶], um zur Eingabe zurückzukehren und passt die Berechnung an.

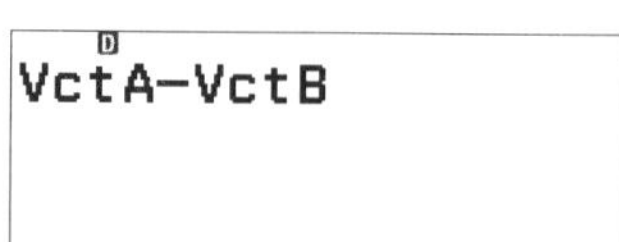

Nach dem Tippen auf [EXE] wird das Ergebnis angezeigt.

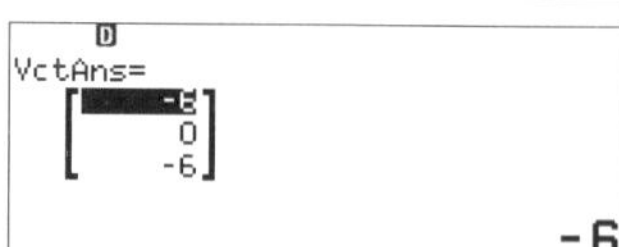

c) Du nutzt [↶], um zur Eingabe zurückzukehren und passt die Berechnung an.

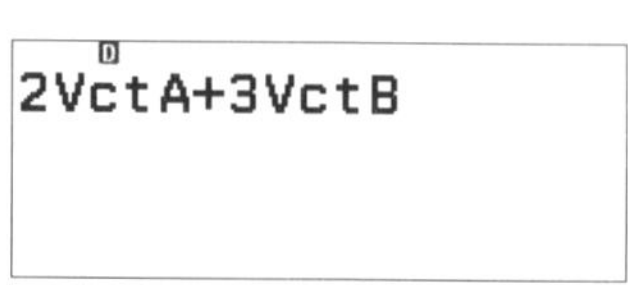

Nach dem Tippen auf [EXE] wird das Ergebnis angezeigt.

d) Nutze [CATALOG] und Num. Berechung, um die Funktion Absolutwert aufzurufen. Bestätige mit [EXE].

Nun fügst du den Vektor ein und startest die Berechnung mit [EXE].

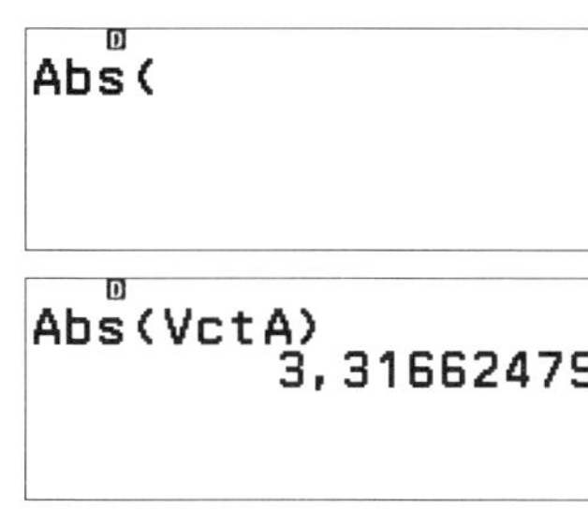

e) Du nutzt [↶], um zur Eingabe zu gelangen und fügst den zweiten Vektor ein. Nach dem Bestätigen mit [EXE] wird das Ergebnis angezeigt.

Abs(VctA+VctB)
8,246211251

12.2 Skalarproduktd, Kreuzprodukt, Winkelberechnungen

Du definierst die beiden Vektoren mit [○○○]. Anschließend rufst du sie unter [CATALOG] und Vektor auf und führst die Berechnung durch.

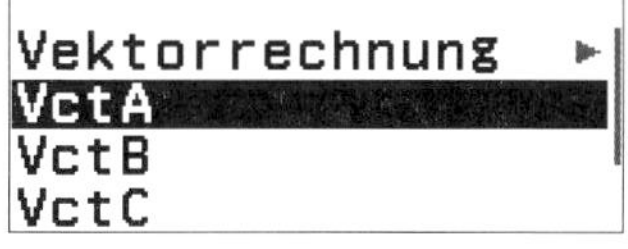

a) Das Skalarprodukt fügst du über [CATALOG], Vektor, Vektorrechnung, Skalarprodukt ein. Nach Bestätigen mit [EXE] wird das Ergebnis angezeigt.

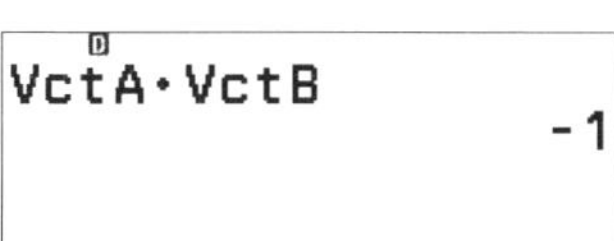

b) Den Befehl für das Kreuzprodukt kannst du direkt über die Taste [×] einfügen. Mit [EXE] wird die Berechnung gestartet.

Das Egebnis wird angezeigt.

c) Du rufst den Winkelbefehl auf mit [CATALOG], Vektor, Vektorrechnung und Winkel. Nutze ^{S}[;], um die Vektoren zu trennen.

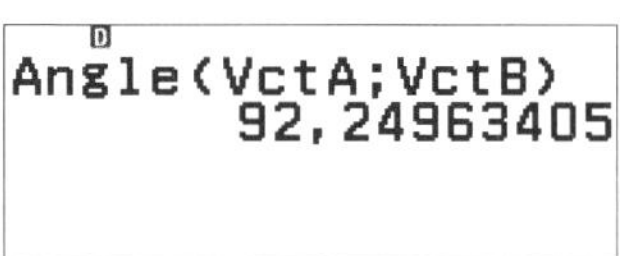

d) Nutze [CATALOG], Vektor, Vektorrechnung und Einheitsvektor und füge anschließend den gewünschten Vektor ein. Du startest die Berechnung mit [EXE].

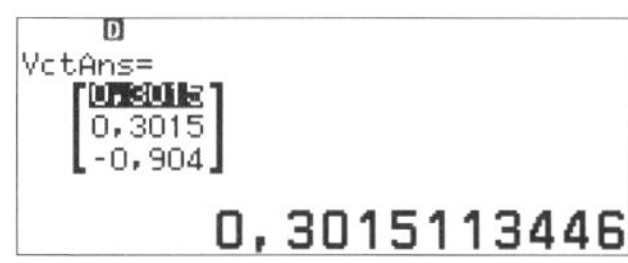

13 Verhältnis

a) Da sich x im Zähler befindet, ist die obere der beiden Funktionen diejenige, die benutzt wird. Du wählst sie aus mit [EXE].

Nun kannst du die Werte der Gleichung eingeben und schließt die Eingabe jeweils mit [EXE] ab.

Die Taste [EXE] startet die Berechnung. Das Ergebnis wird angezeigt.

Du kannst [FORMAT] nutzen, um das Ergebnis als gemischten Bruch anzeigen zu lassen.

Mit [FORMAT] kannst du das Ergebnis auch dezimal anzeigen lassen. Oder du nutzt direkt $^{\mathrm{S}}[\approx]$ anstelle von [EXE] beim Starten der Berechnung.

b) Da sich x im Nenner befindet, ist die untere der beiden Funktionen diejenige, die benutzt wird. Du wählst sie aus mit [EXE].

Nun kannst du die Werte der Gleichung eingeben und schließt die Eingabe jeweils mit [EXE] ab.

Die Taste [EXE] startet die Berechnung. Das Ergebnis wird angezeigt.

Mit [FORMAT] kannst du das Ergebnis auch dezimal anzeigen lassen. Oder du nutzt direkt $^{\mathrm{S}}[\approx]$ anstelle von [EXE] beim Starten der Berechnung.

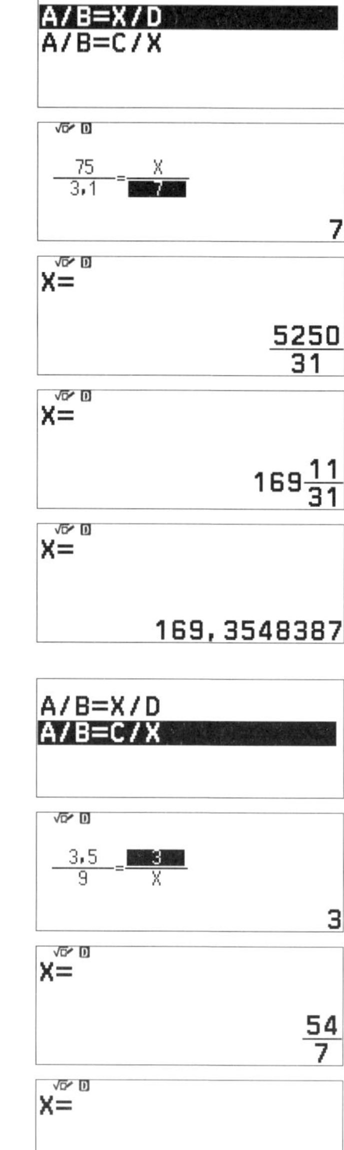

14.1 Würfelwurf

a) Passe die Werte an und bestätige anschließend Ausführen mit [EXE].

Du wählst als Ergebnisanzeige Rel. Häufigkeit und Summe. Im Beispiel beträgt die relative Häufigkeit für eine «7» 0,1333.

14.2 Münzwurf

a) Du passt die Werte entsprechend an und bestätigst anschließend Ausführen mit [EXE].

Du wählst als Ergebnisanzeige Rel. Häufigkeit. Im Beispiel beträgt die relative Häufigkeit für die Summe 2 ca. 0,23.

14.3 Zahlengerade

Die drei Ausdrücke werden in gleicher Weise wie im Beispiel eingegeben.

Nach dem Bestätigen mit [EXE] werden sie dargestellt.

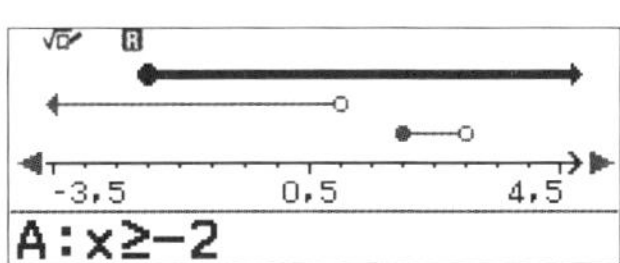

14.4 Kreis

a) Du gibst die beiden Winkel ein. Anschließend bestätigst du mit [EXE].

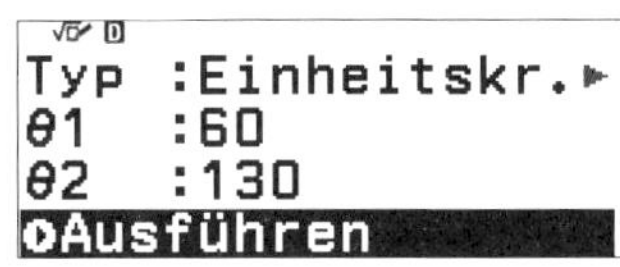

Die trigonometrichen Werte von $\theta 1$ werden dargestellt.

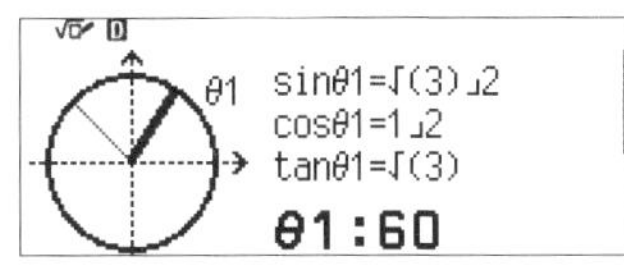

Nutze [▼] um die Werte von $\theta 2$ anzeigen zu lassen.

b) Nutze [▼] und [▲] um zu 7:00 zu navigieren. Der Innenwinkel ist 150°, der Außenwinkel ist 210°

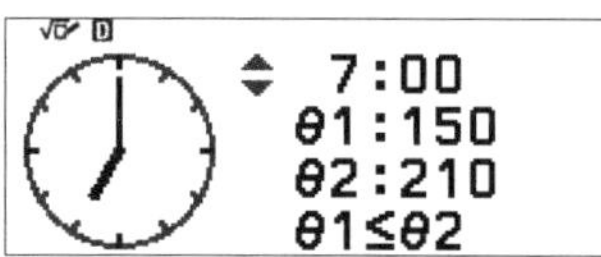

15.1.1 Ableitung

a) Du rufst die Ableitungsberechnung auf und gibst die Funktion und den Wert ein. Beende die Eingabe mit [EXE].

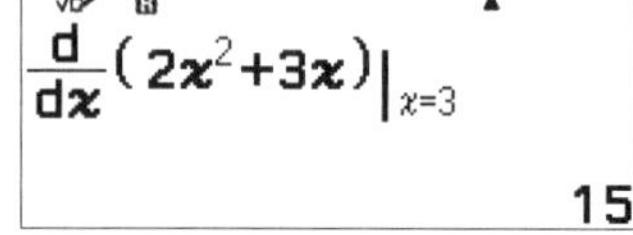

b) Du rufst e im [CATALOG] auf unter Anderes [○○○] [EXE] [↶]. [FORMAT]

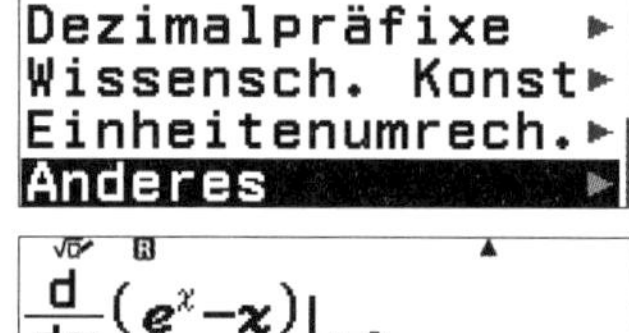

Nun gibst du den Rest der Funktion und den Wert ein. Beende die Eingabe mit [EXE].

15.1.2 Integralberechnung

a) Du gibst den Integranden und die beiden Grenzen ein. Beende die Eingabe mit [EXE] .

b) Du gibst den Integranden und die beiden Grenzen ein. Beende die Eingabe mit [EXE] .

15.1.1 Summation und Produkt

In der Summationsfunktion gibst du die untere Grenze, die obere Grenze und die Formel ein, die Berechnung wird mit [EXE] gestartet.

In der Produktfunktion gibst du die untere Grenze, die obere Grenze und die Formel ein, die Berechnung wird mit [EXE] gestartet.

15.1.2 Division mit Rest

a) Du gibst 85 ein, gefolgt von ÷R (mit [CATALOG] und dann Funktionsanalyse) und dann 7.
Anschließend tippst du [EXE].

b) Du gibst 103 ein, gefolgt von ÷R (mit [CATALOG] und dann Funktionsanalyse) und dann 6.
Anschließend tippst du [EXE].

15.1.3 Logarithmusfunktionen

a) Du kannst den Logarithmus-Befehl entweder mit [CATALOG] und Funktionsanalyse oder mit [log■□] aufrufen.

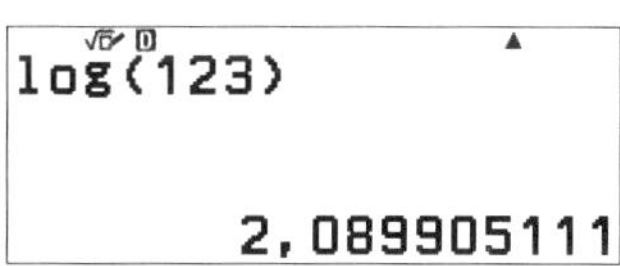

b) Du kannst den Logarithmus-Befehl entweder mit [CATALOG] und Funktionsanalyse oder mit S[log] aufrufen.

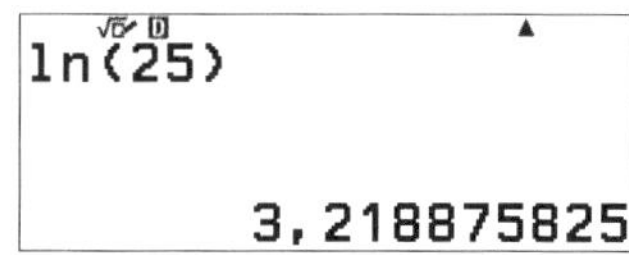

c) Du kannst den Logarithmus-Befehl entweder mit [CATALOG] und Funktionsanalyse oder mit S[ln] aufrufen.

15.8 Einheiten umrechnen

a) Du gibst 65 ein, nutzt [CATALOG], dann Einheitenumrech. und Länge. Wähle mile ▶ km.

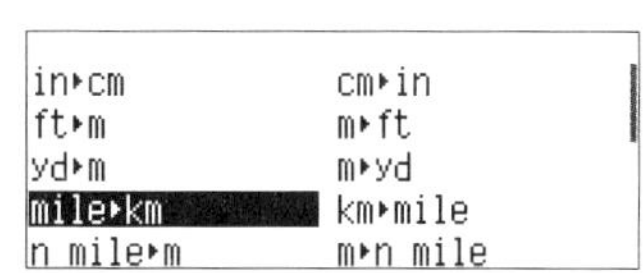

Bestätige zwei mal mit [EXE]. Das Ergebnis wird angezeigt.

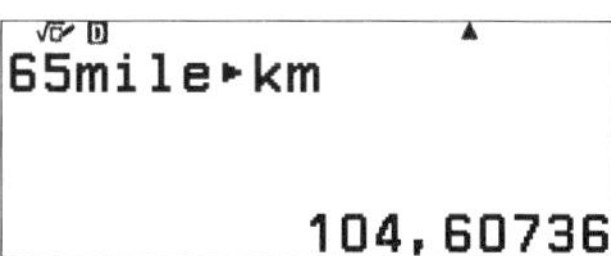

b) Du gibst 21 ein, nutzt [CATALOG], dann Einheitenumrech. und Temperatur. Wähle °C ▶ °F.

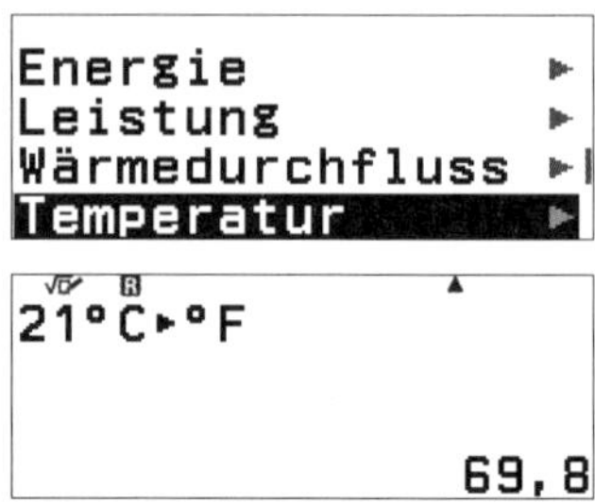

Bestätige zwei mal mit [EXE]. Das Ergebnis wird angezeigt. Du kannst es mit [FORMAT] in eine Dezimalzahl umwandeln.

Stichwortverzeichnis